# 메가스터디 N제

역 수학 II | 4점 공략

## 178제

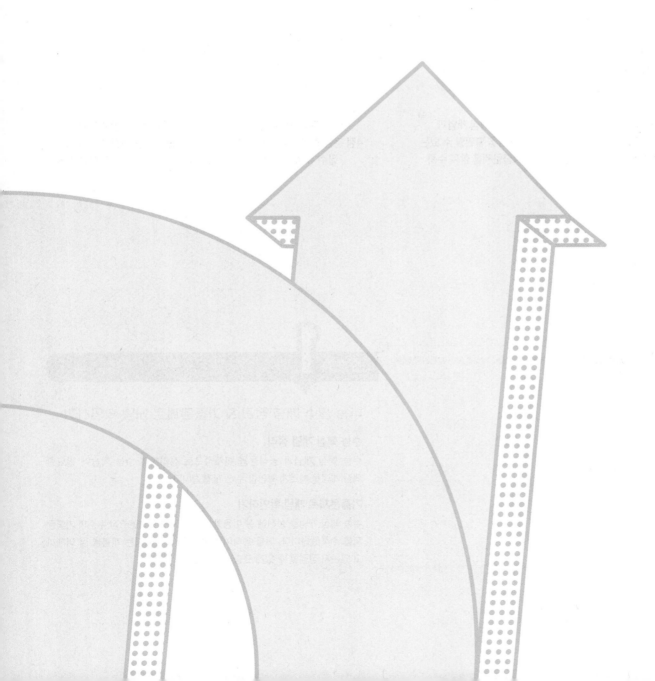

# 이 책의 **구성과 특징**

높아진 공통과목의
중요성만큼이나
높아진 공통과목의 난도

▶ ▶ ▶

난도가 높아질수록 고득점을 위해서는 고난도 문항에 대한 충분한 연습이 필요합니다.
고난도 필수 유형도 반복 연습을 해야 최고 등급에 도달할 수 있는 힘이 생깁니다.
메가스터디 N제 4점 공략의 **STEP 1, 2, 3**의 단계를 차근차근 밟으면
고난도 문항을 해결할 수 있는 종합적 사고력을 기를 수 있습니다.

## 메가스터디 N제 **수학Ⅱ 4점 공략**은

최신 평가원,
수능 트렌드를 반영한
문제 출제

수능 핵심 개념과
그 개념을 확인할 수 있는
기출문제를 함께 수록

수능 고득점을 위한
4점 문항을 철저히 분석하여
필수 유형을 선정

최고난도 문항에 대한
실전 감각을 익힐 수 있도록
어려운 4점 수준의 문제를 수록

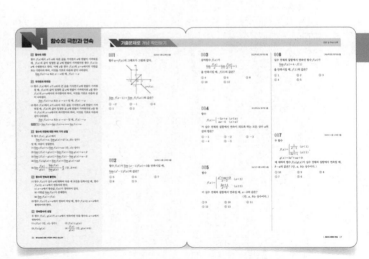

# STEP 1

## 수능 필수 개념 정리 & 기출문제로 개념 확인하기

### 수능 핵심 개념 정리

수능 핵심 개념과 공식들을 체계적으로 정리하여 수능 학습에 필요한
핵심 개념을 빠르게 확인할 수 있게 했습니다.

### 기출문제로 개념 확인하기

수능 핵심 개념을 실전에 잘 이용할 수 있는지 확인하는 3점 수준의 기출문
제를 수록했습니다. 이를 통하여 실제 수능에 출제되는 개념을 잘 이해하
고 있는지 점검할 수 있게 했습니다.

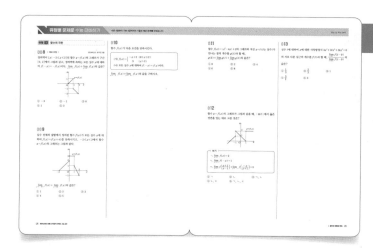

# STEP 2

## 유형별 문제로 수능 대비하기

### 대표 유형

각 유형을 대표하는 기본 4점 수준의 수능, 평가원, 교육청 기출문제를 수록하여 고난도 유형에 대비하고 실전 감각을 키울 수 있게 했습니다.

### 예상 문제

출제 가능성이 높은 쉬운 4점 문항부터 기본 4점까지의 예상 문제를 수록하여 중상위권 도전의 기본이 되는 4점 문항을 빠르고 정확하게 푸는 연습이 가능하게 했습니다.

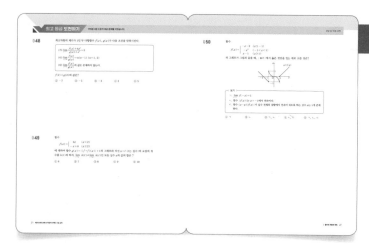

# STEP 3

## 최고 등급 도전하기

### 최고 등급 도전 문제

최근 평가원, 수능의 트렌드는 초고난도 문항을 지양하면서도 변별력을 확보할 수 있는 문항을 출제하는 것입니다. 즉, 수능 1등급을 위해서는 변별력 확보를 위해 출제되는 고난도 문항들을 빠르고 정확하게 풀어내야 합니다.

1등급을 좌우하는 어려운 4점 문제만을 수록하여 최고 등급을 목표로 하는 학생들이 확실한 실력을 쌓을 수 있게 구성했습니다.

# 이 책의 **차례**

# I

# 함수의 극한과 연속

## 수능 출제 포커스

- 다항함수에 대하여 $x \to \infty$, $x \to 0$일 때의 극한값이 주어졌을 때, 다항함수의 차수와 계수를 추론하는 문제가 출제될 수 있다. 분수 꼴로 주어지는 경우가 많으므로 극한값이 존재할 조건과 극한값을 이용하여 다항함수의 차수와 최고차항의 계수 등을 구하는 방법을 잘 숙지해 두도록 한다.
- 구간에 따라 다르게 정의된 함수 또는 그래프를 이용하여 두 함수의 합, 차, 곱, 몫에 대한 함수의 연속성을 판단하는 문제가 출제될 수 있다. 새롭게 정의된 함수의 연속성은 처음 두 함수가 불연속인 점을 먼저 확인하는 것이 중요하므로 주어진 함수식을 이용하여 그래프를 그려 불연속인 점을 파악하는 연습을 많이 해 두도록 한다.

## 기출 및 핵심 예상 문제수

| 기출문제 | 수능 대비 예상 문제 | 최고 등급 문제 | 합계 |
|---|---|---|---|
| 13 | 34 | 8 | 55 |

# I 함수의 극한과 연속

## 1 함수의 극한

함수 $f(x)$에서 $x$가 $a$와 다른 값을 가지면서 $a$에 한없이 가까워질 때, $f(x)$의 값이 일정한 값 $\alpha$에 한없이 가까워지면 함수 $f(x)$는 $\alpha$에 수렴한다고 한다. 이때 $\alpha$를 함수 $f(x)$의 $x=a$에서의 극한값 또는 극한이라 하며, 이것을 기호로 다음과 같이 나타낸다.

$$\lim_{x \to a} f(x) = \alpha \text{ 또는 } x \to a \text{일 때, } f(x) \to \alpha$$

## 2 우극한과 좌극한

(1) 함수 $f(x)$에서 $x$가 $a$보다 큰 값을 가지면서 $a$에 한없이 가까워질 때, $f(x)$의 값이 일정한 값 $\alpha$에 한없이 가까워지면 $\alpha$를 함수 $f(x)$의 $x=a$에서의 우극한이라 하며, 이것을 기호로 다음과 같이 나타낸다.

$$\lim_{x \to a+} f(x) = \alpha \text{ 또는 } x \to a+ \text{일 때, } f(x) \to \alpha$$

(2) 함수 $f(x)$에서 $x$가 $a$보다 작은 값을 가지면서 $a$에 한없이 가까워질 때, $f(x)$의 값이 일정한 값 $\alpha$에 한없이 가까워지면 $\alpha$를 함수 $f(x)$의 $x=a$에서의 좌극한이라 하며, 이것을 기호로 다음과 같이 나타낸다.

$$\lim_{x \to a-} f(x) = \alpha \text{ 또는 } x \to a- \text{일 때, } f(x) \to \alpha$$

**만점 Tip** ▶ $\lim\limits_{x \to a+} f(x) = \lim\limits_{x \to a-} f(x) = \alpha \iff \lim\limits_{x \to a} f(x) = \alpha$

## 3 함수의 극한에 대한 여러 가지 성질

두 함수 $f(x)$, $g(x)$에서
$$\lim_{x \to a} f(x) = \alpha, \ \lim_{x \to a} g(x) = \beta \ (\alpha, \beta \text{는 실수})$$
일 때, 다음이 성립한다.

(1) $\lim\limits_{x \to a} cf(x) = c\lim\limits_{x \to a} f(x) = c\alpha$ (단, $c$는 상수)

(2) $\lim\limits_{x \to a} \{f(x) + g(x)\} = \lim\limits_{x \to a} f(x) + \lim\limits_{x \to a} g(x) = \alpha + \beta$

(3) $\lim\limits_{x \to a} \{f(x) - g(x)\} = \lim\limits_{x \to a} f(x) - \lim\limits_{x \to a} g(x) = \alpha - \beta$

(4) $\lim\limits_{x \to a} f(x)g(x) = \lim\limits_{x \to a} f(x) \times \lim\limits_{x \to a} g(x) = \alpha\beta$

(5) $\lim\limits_{x \to a} \dfrac{f(x)}{g(x)} = \dfrac{\lim\limits_{x \to a} f(x)}{\lim\limits_{x \to a} g(x)} = \dfrac{\alpha}{\beta}$ (단, $\beta \neq 0$)

## 4 함수의 연속과 불연속

(1) 함수 $f(x)$가 실수 $a$에 대하여 다음 세 조건을 만족시킬 때, 함수 $f(x)$는 $x=a$에서 연속이라 한다.
  (i) $x=a$에서 함숫값 $f(a)$가 정의되어 있다.
  (ii) 극한값 $\lim\limits_{x \to a} f(x)$가 존재한다.
  (iii) $\lim\limits_{x \to a} f(x) = f(a)$

(2) 함수 $f(x)$가 $x=a$에서 연속이 아닐 때, 함수 $f(x)$는 $x=a$에서 불연속이라 한다.

## 5 연속함수의 성질

두 함수 $f(x)$, $g(x)$가 $x=a$에서 연속이면 다음 함수도 $x=a$에서 연속이다.

(1) $cf(x)$ (단, $c$는 상수)  (2) $f(x) \pm g(x)$

(3) $f(x)g(x)$  (4) $\dfrac{f(x)}{g(x)}$ (단, $g(a) \neq 0$)

---

## 001
2020년 시행 교육청 3월

함수 $y=f(x)$의 그래프가 그림과 같다.

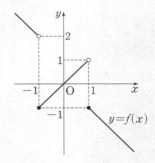

$\lim\limits_{x \to 0+} f(x-1) + \lim\limits_{x \to 1+} f(f(x))$의 값은?

① $-2$  ② $-1$  ③ $0$

④ $1$  ⑤ $2$

## 002
2019년 시행 교육청 4월

함수 $f(x)$가 $\lim\limits_{x \to 1} (x-1)f(x) = 3$을 만족시킬 때, $\lim\limits_{x \to 1} (x^2 - 1)f(x)$의 값은?

① $5$  ② $6$  ③ $7$

④ $8$  ⑤ $9$

## 003

2022학년도 평가원 9월

삼차함수 $f(x)$가

$$\lim_{x \to 0} \frac{f(x)}{x} = \lim_{x \to 1} \frac{f(x)}{x-1} = 1$$

을 만족시킬 때, $f(2)$의 값은?

① 4          ② 6          ③ 8

④ 10         ⑤ 12

## 004

2023학년도 평가원 9월

함수

$$f(x) = \begin{cases} -2x+a & (x \le a) \\ ax-6 & (x > a) \end{cases}$$

가 실수 전체의 집합에서 연속이 되도록 하는 모든 상수 $a$의 값의 합은?

① $-1$       ② $-2$       ③ $-3$

④ $-4$       ⑤ $-5$

## 005

2021년 시행 교육청 3월

함수

$$f(x) = \begin{cases} \dfrac{x^2+ax+b}{x-3} & (x < 3) \\ \dfrac{2x+1}{x-2} & (x \ge 3) \end{cases}$$

이 실수 전체의 집합에서 연속일 때, $a-b$의 값은?

(단, $a$, $b$는 상수이다.)

① 9          ② 10         ③ 11

④ 12         ⑤ 13

## 006

2024학년도 평가원 6월

실수 전체의 집합에서 연속인 함수 $f(x)$가

$$\lim_{x \to 1} f(x) = 4 - f(1)$$

을 만족시킬 때, $f(1)$의 값은?

① 1          ② 2          ③ 3

④ 4          ⑤ 5

## 007

2020년 시행 교육청 3월

두 함수

$$f(x) = \begin{cases} \dfrac{1}{x-1} & (x < 1) \\ \dfrac{1}{2x+1} & (x \ge 1) \end{cases},$$

$$g(x) = 2x^3 + ax + b$$

에 대하여 함수 $f(x)g(x)$가 실수 전체의 집합에서 연속일 때, $b-a$의 값은? (단, $a$, $b$는 상수이다.)

① 10         ② 9          ③ 8

④ 7          ⑤ 6

## 유형 1 함수의 극한

### 008 | 대표 유형 |
2014학년도 평가원 9월

정의역이 $\{x \mid -2 \leq x \leq 2\}$인 함수 $y=f(x)$의 그래프가 구간 $[0, 2]$에서 그림과 같고, 정의역에 속하는 모든 실수 $x$에 대하여 $f(-x)=-f(x)$이다. $\lim\limits_{x \to -1+} f(x) + \lim\limits_{x \to 2-} f(x)$의 값은?

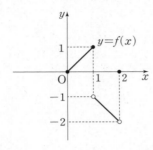

① $-3$      ② $-1$      ③ $0$

④ $1$      ⑤ $3$

### 009

실수 전체의 집합에서 정의된 함수 $f(x)$가 모든 실수 $x$에 대하여 $f(x)=f(x+4)$를 만족시키고, $-2 \leq x < 2$에서 함수 $y=f(x)$의 그래프는 그림과 같다.

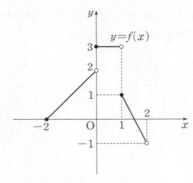

$\lim\limits_{x \to -12+} f(x) + \lim\limits_{x \to 10-} f(x)$의 값은?

① $1$      ② $2$      ③ $3$

④ $4$      ⑤ $5$

### 010

함수 $f(x)$가 다음 조건을 만족시킨다.

(가) $f(x) = \begin{cases} -x+2 & (0 \leq x \leq 2) \\ 3 & (x > 2) \end{cases}$

(나) 모든 실수 $x$에 대하여 $f(-x)=f(x)$이다.

$\lim\limits_{x \to -2-} f(x) + \lim\limits_{x \to -1+} f(x)$의 값을 구하시오.

## 011

함수 $f(x)=|x^2-4x|+2$의 그래프와 직선 $y=t$ ($t$는 실수)가 만나는 점의 개수를 $g(t)$라 할 때,
$g(2)+\lim\limits_{t\to 2+}g(t)+\lim\limits_{t\to 6+}g(t)$의 값은?

① 0        ② 2        ③ 4

④ 6        ⑤ 8

## 012

함수 $y=f(x)$의 그래프가 그림과 같을 때, |보기|에서 옳은 것만을 있는 대로 고른 것은?

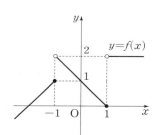

┤ 보기 ├

ㄱ. $\lim\limits_{x\to 1-}f(x)=2$

ㄴ. $\lim\limits_{x\to 1+}f(-x)=1$

ㄷ. $\lim\limits_{x\to\infty}f\left(\dfrac{x+1}{x-1}\right)+\lim\limits_{x\to -\infty}f\left(\dfrac{-x}{x+1}\right)=3$

① ㄱ        ② ㄴ        ③ ㄱ, ㄴ

④ ㄴ, ㄷ        ⑤ ㄱ, ㄴ, ㄷ

## 013

실수 $t$에 대하여 $x$에 대한 사차방정식 $3x^4+2tx^3+3tx^2=0$의 서로 다른 실근의 개수를 $f(t)$라 할 때, $\dfrac{\lim\limits_{t\to 9-}f(t-9)}{\lim\limits_{t\to 9+}f(t-9)}$의 값은?

① $\dfrac{1}{3}$        ② $\dfrac{2}{3}$        ③ 1

④ $\dfrac{3}{2}$        ⑤ 3

### 유형 2 함수의 극한값의 계산

## 014 | 대표 유형 |

최고차항의 계수가 1인 삼차함수 $f(x)$가

$$f(-2)=f(-1)=f(2)=6$$

을 만족시킬 때, $\lim\limits_{x \to 1} \dfrac{f(x)}{x-1}$의 값을 구하시오.

## 015

0이 아닌 세 상수 $a$, $b$, $c$에 대하여 함수 $f(x)=\dfrac{bx+c}{x-a}$의 그래프의 두 점근선의 교점의 좌표는 $(1, 2)$이고, 함수 $y=f(x)$의 그래프는 점 $(0, -2)$를 지난다.

$\lim\limits_{x \to -1} \dfrac{x^2-2x-3}{f(x)}$의 값은?

① 1          ② 2          ③ 3

④ 4          ⑤ 5

## 016

정의역이 $\{x|x \geq 0\}$인 함수 $f(x)=\dfrac{1}{2}x^2-\dfrac{1}{2}$의 역함수를 $g(x)$라 할 때, $\lim\limits_{x \to \infty} \dfrac{f(x)\{g(8x^2+1)-g(8x^2-1)\}}{x}$의 값은?

① $\dfrac{1}{8}$          ② $\dfrac{1}{4}$          ③ 1

④ 4          ⑤ 8

## 유형 ③ 함수의 극한의 성질

### 017 | 대표 유형 |

2021년 시행 교육청 4월

두 함수 $f(x)$, $g(x)$가

$$\lim_{x \to \infty} \{2f(x) - 3g(x)\} = 1, \quad \lim_{x \to \infty} g(x) = \infty$$

를 만족시킬 때, $\displaystyle\lim_{x \to \infty} \frac{4f(x) + g(x)}{3f(x) - g(x)}$ 의 값은?

① 1        ② 2        ③ 3

④ 4        ⑤ 5

### 018

두 함수 $f(x)$, $g(x)$가 다음 조건을 만족시킨다.

> (가) $\displaystyle\lim_{x \to 0} g(x) = 1$
>
> (나) $f(x)\{g(x) + 4\} = x\{g(x) - 4\}$

| 보기 |에서 옳은 것만을 있는 대로 고른 것은?

> ┤ 보기 ├
>
> ㄱ. $\displaystyle\lim_{x \to 0} \frac{f(x)}{x} = \frac{3}{5}$
>
> ㄴ. $\displaystyle\lim_{x \to 0} f(x) = 0$
>
> ㄷ. $\displaystyle\lim_{x \to 0} \frac{x + f(x)}{x^2 - f(x)g(x)} = \frac{2}{3}$

① ㄱ        ② ㄷ        ③ ㄱ, ㄴ

④ ㄴ, ㄷ        ⑤ ㄱ, ㄴ, ㄷ

### 019

두 다항함수 $f(x)$, $g(x)$가 다음 조건을 만족시킨다.

> (가) $\displaystyle\lim_{x \to \infty} \frac{f(x)}{x^3 + 1} = 2$
>
> (나) $\displaystyle\lim_{x \to \infty} \frac{2f(x) - 4g(x)}{f(x) + g(x)} = 8$

$\displaystyle\lim_{x \to \infty} \frac{3x^2 - 6f(x)}{5x^2 + 4g(x)}$ 의 값은?

① 1        ② 2        ③ 3

④ 4        ⑤ 5

## 020

함수 $f(x) = \begin{cases} -x^3 - 1 & (x < 0) \\ 3x^2 + 1 & (x \geq 0) \end{cases}$ 일 때, |보기|에서 옳은 것만을 있는 대로 고른 것은?

┤ 보기 ├

ㄱ. $\displaystyle\lim_{x \to 0+} f(x) = -1$

ㄴ. $\displaystyle\lim_{x \to 0} |f(x)| = 1$

ㄷ. $\displaystyle\lim_{x \to 0} f(x+1)f(x-1) = 1$

① ㄱ      ② ㄴ      ③ ㄱ, ㄴ

④ ㄴ, ㄷ      ⑤ ㄱ, ㄴ, ㄷ

## 021

일차 이상의 두 다항함수 $f(x)$, $g(x)$가 다음 조건을 만족시킨다.

(가) $f(x) + g(x) = a(x+1)^2$

(나) $f(x) - g(x) = b(x-5)^2$

$ab = 1$이고 $\displaystyle\lim_{x \to \infty} \frac{f(x)}{(x+1)(x-5)} = 1$일 때,

$\displaystyle\lim_{x \to 0} \frac{\{f(x) - 13\}\{g(x) + 3\}}{x}$의 값은?

(단, $a$, $b$는 상수이다.)

① 36      ② 37      ③ 38

④ 39      ⑤ 40

## 022

다항함수 $f(x)$가 $\displaystyle\lim_{x \to 0} \frac{f(x)}{x} = \lim_{x \to 1} \frac{f(x)}{x-1} = 2$를 만족시킬 때, |보기|에서 옳은 것만을 있는 대로 고른 것은?

┤ 보기 ├

ㄱ. $f(f(1)) = 0$

ㄴ. $\displaystyle\lim_{x \to 1} \frac{\{f(x)\}^2}{x^2 - 1} = 4$

ㄷ. $\displaystyle\lim_{x \to 1} \frac{f(x-1)}{x^2 - 1} = 1$

① ㄱ      ② ㄷ      ③ ㄱ, ㄴ

④ ㄱ, ㄷ      ⑤ ㄱ, ㄴ, ㄷ

**유형 ④ 미정계수 구하기**

## 023 | 대표 유형 |

2020학년도 수능

상수항과 계수가 모두 정수인 두 다항함수 $f(x)$, $g(x)$가 다음 조건을 만족시킬 때, $f(2)$의 최댓값은?

(가) $\lim\limits_{x \to \infty} \dfrac{f(x)g(x)}{x^3} = 2$

(나) $\lim\limits_{x \to 0} \dfrac{f(x)g(x)}{x^2} = -4$

① 4        ② 6        ③ 8

④ 10       ⑤ 12

## 024

다항함수 $f(x)$가 다음 조건을 만족시킬 때, $f(1)$의 값은?

(가) $\lim\limits_{x \to \infty} \dfrac{f(x) - x^3}{x^2 + 1} = -4$

(나) $\lim\limits_{x \to 0} \dfrac{f(x)}{x} = 2$

① $-2$      ② $-1$      ③ $0$

④ $1$        ⑤ $2$

## 025

이차함수 $y = f(x)$의 그래프와 $x$축이 서로 다른 두 점 A, B에서 만난다. $\overline{AB} = 4$이고 $\lim\limits_{x \to \infty} \dfrac{f(x)}{x^2 + 1} = 2$일 때, $\lim\limits_{x \to 0} \dfrac{f(x)}{x} = a$이다. 양수 $a$의 값을 구하시오.

## 026

다항함수 $f(x)$가

$$\lim\limits_{x \to \infty} \dfrac{f(x)}{x^3} = 0, \ \lim\limits_{x \to 0} \dfrac{f(x)}{x} = 5$$

를 만족시키고, 방정식 $f(x) = 0$의 모든 근의 합이 5일 때, $f(2)$의 값은?

① 2        ② 4        ③ 6

④ 8        ⑤ 10

## 027

다항함수 $f(x)$가 다음 조건을 만족시킨다.

> (가) $\displaystyle\lim_{x \to 0+} \frac{(x^3-x^2)f\left(\dfrac{1}{x}\right)+1}{2x^2+3x} = \dfrac{2}{3}$
>
> (나) $\displaystyle\lim_{x \to 0} \frac{f(x)-1}{x} = k$ ($k$는 상수)

$f(k)$의 값을 구하시오.

## 028

최고차항의 계수가 1인 삼차함수 $f(x)$가 다음 조건을 만족시킬 때, $f(3)$의 값은?

> (가) 모든 실수 $a$에 대하여 $\displaystyle\lim_{x \to a} \frac{f(x)}{x^2-2x}$의 값이 존재한다.
>
> (나) $\displaystyle\lim_{x \to \infty} \frac{f(x)+f(-x)}{x^2} = 6$

① 16  ② 18  ③ 20
④ 22  ⑤ 24

---

### 유형 ⑤ 함수의 극한의 활용

## 029 | 대표 유형 |

2023년 시행 교육청 3월

곡선 $y=x^2$과 기울기가 1인 직선 $l$이 서로 다른 두 점 A, B에서 만난다. 양의 실수 $t$에 대하여 선분 AB의 길이가 $2t$가 되도록 하는 직선 $l$의 $y$절편을 $g(t)$라 할 때, $\displaystyle\lim_{t \to \infty} \frac{g(t)}{t^2}$의 값은?

① $\dfrac{1}{16}$  ② $\dfrac{1}{8}$  ③ $\dfrac{1}{4}$
④ $\dfrac{1}{2}$  ⑤ $1$

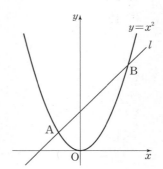

## 030

그림과 같이 양수 $t$에 대하여 함수 $y=\sqrt{-x+t}$의 그래프가 $x$축 및 함수 $y=\sqrt{3x}$의 그래프와 만나는 점을 각각 A, B라 하고, 직선 AB와 $y$축이 만나는 점을 C라 하자. 선분 AB의 길이를 $f(t)$, 선분 BC의 길이를 $g(t)$라 할 때, $\displaystyle\lim_{t\to 0+}\frac{f(t)}{g(t)}$의 값은?

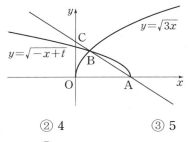

① 3        ② 4        ③ 5
④ 6        ⑤ 7

## 031

그림과 같이 곡선 $y=x^2$ 위의 점 $\mathrm{P}(a, a^2)$ $(a>0)$에 대하여 점 P를 지나고 직선 OP에 수직인 직선을 $l$이라 하자. 직선 $l$이 곡선 $y=x^2$과 제2사분면에서 만나는 점을 Q, $x$축과 만나는 점을 R라 하자. 두 점 P, Q에서 $x$축에 내린 수선의 발을 각각 S, T라 할 때, $\displaystyle\lim_{a\to\infty}\frac{\overline{\mathrm{ST}}\times\overline{\mathrm{RS}}}{a^4}$의 값을 구하시오.

(단, O는 원점이다.)

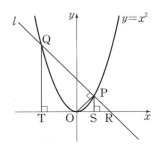

## 032

그림과 같이 두 원 $x^2+y^2=r^2$ $(0<r<2)$, $(x-2)^2+y^2=4$가 제1사분면에서 만나는 점을 P라 하고, 점 Q(4, 0)에 대하여 직선 PQ와 $y$축이 만나는 점을 R라 하자. 선분 OR의 길이를 $l(r)$라 할 때, $\displaystyle\lim_{r\to 0+}\frac{l(r)-r}{r^3}$의 값은?

(단, O는 원점이다.)

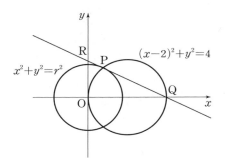

① $\dfrac{1}{32}$        ② $\dfrac{3}{32}$        ③ $\dfrac{5}{32}$
④ $\dfrac{7}{32}$        ⑤ $\dfrac{9}{32}$

## 033

그림과 같이 직선 $y=tx-3\ (t>1)$ 위의 점 P를 중심으로 하고, $x$축과 $y$축에 동시에 접하는 원을 $C$라 하자. 직선 $y=tx-3$ 이 원 $C$와 만나는 서로 다른 두 점을 각각 Q, R라 하고, 삼각형 ROQ의 넓이를 $S(t)$라 할 때, $\displaystyle\lim_{t\to0+} t^2S(t)$의 값은? (단, O는 원점이고, 점 P는 제1사분면에 있다.)

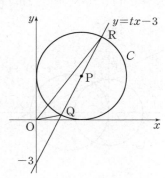

① 8
② $\dfrac{17}{2}$
③ 9

④ $\dfrac{19}{2}$
⑤ 10

## 034

그림과 같이 곡선 $y=\dfrac{1}{x}$ 위의 두 점 $A\left(\sqrt{t},\ \dfrac{\sqrt{t}}{t}\right)$, $B\left(t,\ \dfrac{1}{t}\right)\ (t>1)$에 대하여 두 점 A, B에서 $x$축에 내린 수선의 발을 각각 C, D, $y$축에 내린 수선의 발을 각각 E, F라 하고, 점 B에서 직선 $y=x$에 내린 수선의 발을 G라 하자. 사각형 ACDB의 넓이를 $S(t)$, 사각형 AEFB의 넓이를 $T(t)$, 선분 BG의 길이를 $l(t)$라 할 때, $\displaystyle\lim_{t\to\infty}\dfrac{l(t)}{S(t)\times T(t)}$의 값은?

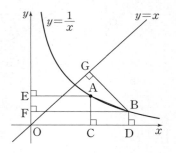

① $\sqrt{6}$
② $2\sqrt{2}$
③ $\sqrt{10}$

④ $2\sqrt{3}$
⑤ $\sqrt{14}$

## 유형 6  함수의 연속

### 035 | 대표 유형 |  2021학년도 수능

함수

$$f(x)=\begin{cases} -3x+a & (x\leq 1) \\ \dfrac{x+b}{\sqrt{x+3}-2} & (x>1) \end{cases}$$

이 실수 전체의 집합에서 연속일 때, $a+b$의 값을 구하시오. (단, $a$와 $b$는 상수이다.)

### 036

실수 전체의 집합에서 연속인 함수 $f(x)$가 다음 조건을 만족시킨다.

> (가) $0\leq x<6$일 때, $f(x)=-x^2+ax+b$이다.
> (나) $f(x-3)=f(x+3)$

$f(3)=7$일 때, $a+b$의 값은? (단, $a$, $b$는 상수이다.)

① 1        ② 2        ③ 3
④ 4        ⑤ 5

### 037

실수 전체의 집합에서 연속인 함수 $f(x)$가 다음 조건을 만족시킨다.

> (가) $\lim\limits_{x\to 1} f(x)=-1$
> (나) $(x^3-1)f(x)=x^3+ax^2+b$

$f(3)$의 값은? (단, $a$, $b$는 상수이다.)

① $\dfrac{1}{13}$        ② $\dfrac{3}{13}$        ③ $\dfrac{5}{13}$

④ $\dfrac{7}{13}$        ⑤ $\dfrac{9}{13}$

### 038

실수 전체의 집합에서 연속인 함수 $f(x)$가 다음 조건을 만족시킨다.

> (가) $f(x)=\begin{cases} ax+5 & (0\leq x<2) \\ x^2-4x+b & (2\leq x<4) \end{cases}$
> (나) $f(x)=f(x+4)$

$f(17)$의 값을 구하시오. (단, $a$, $b$는 상수이다.)

**유형 7** 연속함수의 성질

## 039 | 대표 유형 |

2024학년도 평가원 9월

최고차항의 계수가 1인 삼차함수 $f(x)$에 대하여 함수 $g(x)$를

$$g(x)=\begin{cases} \dfrac{f(x+3)\{f(x)+1\}}{f(x)} & (f(x)\neq 0) \\ 3 & (f(x)=0) \end{cases}$$

이라 하자. $\lim\limits_{x\to 3} g(x)=g(3)-1$일 때, $g(5)$의 값은?

① 14  ② 16  ③ 18

④ 20  ⑤ 22

## 040

두 함수

$$f(x)=\begin{cases} 3x^2 & (|x|\leq 1) \\ |2x-1| & (|x|>1) \end{cases},\ g(x)=x^3-7x^2+10x$$

에 대하여 함수 $f(x)g(x-a)$가 실수 전체의 집합에서 연속이 되도록 하는 모든 실수 $a$의 값의 합은?

① $-4$  ② $-2$  ③ 0

④ 2  ⑤ 4

## 041

다항함수 $f(x)$는 $\lim\limits_{x\to\infty} \dfrac{f(x)}{x^2-2x-7}=3$을 만족시키고 함수 $g(x)$는

$$g(x)=\begin{cases} x-1 & (x\neq 1) \\ 3 & (x=1) \end{cases}$$

이다. 두 함수 $f(x),\ g(x)$에 대하여 함수 $\dfrac{f(x)}{g(x)}$가 실수 전체의 집합에서 연속일 때, $f(3)$의 값은?

① 10  ② 12  ③ 14

④ 16  ⑤ 18

## 042

두 함수

$$f(x) = \begin{cases} x^2 - 2x - 2 & (x < 2) \\ 3 & (x \geq 2) \end{cases}, \quad g(x) = af(x) + b$$

가 다음 조건을 만족시킨다.

> (가) 함수 $f(x) + g(x)$는 실수 전체의 집합에서 연속이다.
> (나) 함수 $g(x)$의 최댓값은 10이다.

$g(-1)$의 값은? (단, $a$, $b$는 상수이다.)

① 2            ② 4            ③ 6
④ 8            ⑤ 10

## 043

실수 전체의 집합에서 연속인 함수 $f(x)$에 대하여 함수 $g(x)$를

$$g(x) = \begin{cases} \dfrac{f(x)}{x-1} & (x \neq 1) \\ 2 & (x = 1) \end{cases}$$

이라 하자. 함수 $g(x)$가 $x=1$에서 연속일 때, |보기|에서 옳은 것만을 있는 대로 고른 것은?

┤ 보기 ├

ㄱ. $f(1) = 1$
ㄴ. 함수 $g(x)$는 실수 전체의 집합에서 연속이다.
ㄷ. $\lim\limits_{x \to 1} \dfrac{f(x)g(x)}{x^2 - 1} = 2$

① ㄱ            ② ㄷ            ③ ㄱ, ㄷ
④ ㄴ, ㄷ        ⑤ ㄱ, ㄴ, ㄷ

## 044

두 함수

$$f(x) = \begin{cases} 2x^2 & (x < 0) \\ 2 & (0 \leq x \leq 2) \\ x - 2 & (x > 2) \end{cases},$$

$$g(x) = \begin{cases} -x^2 + 2x & (0 \leq x \leq 2) \\ -x & (x < 0, \ x > 2) \end{cases}$$

에 대하여 |보기|에서 옳은 것만을 있는 대로 고른 것은?

┤ 보기 ├

ㄱ. $\lim\limits_{x \to 2-} f(x)g(x)$의 값이 존재한다.
ㄴ. 함수 $f(x)g(x)$는 $x=2$에서 연속이다.
ㄷ. 함수 $|f(x)+g(x)|$는 $x=2$에서 연속이다.

① ㄴ            ② ㄷ            ③ ㄱ, ㄴ
④ ㄱ, ㄷ        ⑤ ㄱ, ㄴ, ㄷ

## 045

실수 전체의 집합에서 연속인 함수 $f(x)$가
$$0<f(0)<f(2)<f(1)<2$$
를 만족시킬 때, 열린구간 $(0,\ 2)$에서 항상 실근을 갖는 방정식을 |보기|에서 있는 대로 고른 것은?

┤ 보기 ├

ㄱ. $f(x)=x$

ㄴ. $f\left(\dfrac{x}{2}\right)=f\left(\dfrac{x+2}{2}\right)$

ㄷ. $f\left(\dfrac{2x-1}{2}\right)=f\left(\dfrac{2x+1}{2}\right)$

① ㄱ      ② ㄴ      ③ ㄱ, ㄷ

④ ㄴ, ㄷ      ⑤ ㄱ, ㄴ, ㄷ

## 046

다항함수 $f(x)$가
$$\lim_{x\to1}\frac{f(x)+1}{x-1}=2,\ \lim_{x\to-1}\frac{f(x)-3}{x+1}=-8$$
을 만족시킬 때, |보기|에서 옳은 것만을 있는 대로 고른 것은?

┤ 보기 ├

ㄱ. $f(1)+f(-1)=2$

ㄴ. 방정식 $f(x)=0$은 열린구간 $(-1,\ 1)$에서 적어도 하나의 실근을 갖는다.

ㄷ. $\lim\limits_{x\to0}\dfrac{f(x-1)-3}{f(x+1)+1}=4$

① ㄱ      ② ㄴ      ③ ㄱ, ㄴ

④ ㄴ, ㄷ      ⑤ ㄱ, ㄴ, ㄷ

## 047

삼차함수 $f(x)$가 두 자연수 $m,\ n$에 대하여 다음 조건을 만족시킬 때, |보기|에서 옳은 것만을 있는 대로 고른 것은?

(가) $\lim\limits_{x\to-\infty}\dfrac{f(|x|)}{2x^m}=5$

(나) $\lim\limits_{x\to0}\dfrac{f(|x|)}{x^n}=10$

┤ 보기 ├

ㄱ. $\lim\limits_{x\to\infty}\dfrac{f(|x|)}{x^3}=-5$

ㄴ. $n=2$

ㄷ. $f(1)=0$

① ㄱ      ② ㄱ, ㄴ      ③ ㄱ, ㄷ

④ ㄴ, ㄷ      ⑤ ㄱ, ㄴ, ㄷ

**048**

최고차항의 계수가 1인 두 다항함수 $f(x)$, $g(x)$가 다음 조건을 만족시킨다.

---

(가) $\lim\limits_{x \to \infty} \dfrac{f(x)+4x^2}{g(x)+x^2}=5$

(나) $\lim\limits_{x \to n} \dfrac{f(x)}{g(x)}=n(n-1)$ $(n=1,\ 2)$

(다) $\lim\limits_{x \to 3} \dfrac{f(x)}{g(x)}$의 값은 존재하지 않는다.

---

$f(2)+g(2)$의 값은?

① $-7$      ② $-5$      ③ $-3$      ④ $3$      ⑤ $5$

**049**

함수

$$f(x)=\begin{cases} 2x & (x<2) \\ -x+6 & (x\geq 2) \end{cases}$$

에 대하여 함수 $g(x)=|(f \circ f)(x)|+1$의 그래프와 직선 $y=t$ ($t$는 실수)의 교점의 개수를 $h(t)$라 하자. $\lim\limits_{t \to a-} h(t) \neq \lim\limits_{t \to a+} h(t)$인 모든 실수 $a$의 값의 합은?

① $6$      ② $7$      ③ $8$      ④ $9$      ⑤ $10$

**050** 함수

$$f(x)=\begin{cases} -x-2 & (x\le -1) \\ -x^3 & (-1<x<1) \\ x-1 & (x\ge 1) \end{cases}$$

의 그래프가 그림과 같을 때, ⌐보기⌐에서 옳은 것만을 있는 대로 고른 것은?

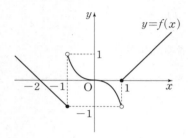

┤ 보기 ├

ㄱ. $\lim\limits_{x\to 1-} f(-x)=1$

ㄴ. 함수 $|f(x)|$는 $x=-1$에서 연속이다.

ㄷ. 함수 $(x-a)|f(x)|$가 실수 전체의 집합에서 연속이 되도록 하는 상수 $a$는 1개 존재한다.

① ㄱ　　　② ㄴ　　　③ ㄱ, ㄴ　　　④ ㄴ, ㄷ　　　⑤ ㄱ, ㄴ, ㄷ

**051**

모든 실수 $x$에 대하여 $f(x)=f(x+2)$인 연속함수 $f(x)$가

$$\lim_{x \to 0} \frac{(x^2-x)f(x)}{x} \times \lim_{x \to 1} \frac{(x^2-x)f(x)}{x-1} > 0$$

을 만족시킨다. |보기|의 각 명제에 대하여 다음 규칙에 따라 $A$, $B$의 값을 정할 때, $A+B$의 값을 구하시오.

---

- 명제 ㄱ이 참이면 $A=2$, 거짓이면 $A=4$이다.
- 명제 ㄴ이 참이면 $B=8$, 거짓이면 $B=3$이다.

---

┤ 보기 ├

ㄱ. 방정식 $f(x)=0$은 열린구간 $(0, 1)$에서 적어도 하나의 실근을 갖는다.

ㄴ. $f\left(\dfrac{3}{2}\right)f(2)>0$이면 방정식 $f(x)=0$은 열린구간 $(0, 2)$에서 적어도 두 개의 실근을 갖는다.

---

**052**

자연수 $n$에 대하여 두 함수

$$f(x)=\lim_{n \to \infty} \frac{x^{2n-1}+ax^2}{x^{2n}+1}, \quad g(x)=3x^2-b^2$$

가 있다. 함수 $f(x)g(x)$가 실수 전체의 집합에서 연속일 때, |보기|에서 옳은 것만을 있는 대로 고른 것은? (단, $a$, $b$는 상수이다.)

┤ 보기 ├

ㄱ. 함수 $|f(x)|$가 실수 전체의 집합에서 연속이 되도록 하는 상수 $a$는 2개이다.

ㄴ. $g(1)=0$

ㄷ. $f\left(\dfrac{a}{2}\right)g(b^2)=-6$

---

① ㄱ　　　　② ㄴ　　　　③ ㄷ　　　　④ ㄱ, ㄴ　　　　⑤ ㄴ, ㄷ

**053**  0이 아닌 세 상수 $a$, $b$, $c$에 대하여 함수 $f(x)=\dfrac{bx+c}{x+a}$의 역함수의 그래프의 점근선의 방정식은 $x=2$, $y=-1$이다. 그림과 같이 양수 $t$에 대하여 직선 $x=t$가 함수 $y=f(x)$의 그래프 및 $x$축과 만나는 점을 각각 P, Q라 하고, 점 P에서 $y$축에 내린 수선의 발을 R, 사각형 OQPR의 넓이를 $S(t)$라 하자. $\overline{PQ}+\overline{PR}$의 최솟값이 5일 때,

$$\lim_{t \to \infty} \frac{t}{S(t)} + \lim_{t \to \infty} tS\left(\frac{1}{t}\right)$$의 값은? (단, O는 원점이다.)

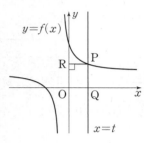

① $\dfrac{7}{2}$      ② $\dfrac{9}{2}$      ③ $\dfrac{11}{2}$      ④ $\dfrac{13}{2}$      ⑤ $\dfrac{15}{2}$

**054**

다항함수 $f(x)$가 다음 조건을 만족시킨다.

---

(가) $\lim\limits_{x \to \infty} \dfrac{f(x)}{2x^2+5} = \dfrac{1}{2}$

(나) 모든 실수 $x$에 대하여 $f(4-x)=f(4+x)$이다.

(다) $x$에 대한 방정식 $|f(x)|=t$의 서로 다른 실근의 개수가 4인 실수 $t$의 값의 범위는 $0<t<25$이다.

---

두 함수 $g(x)=\dfrac{f(x)+|f(x)|}{2}$, $h(x)=\begin{cases} x-a-1 & (x<a) \\ -x+a+1 & (x\geq a) \end{cases}$에 대하여 함수 $g(x)h(x)$가 실수 전체의 집합에서 연속이 되도록 하는 정수 $a$의 최댓값을 $M$, 최솟값을 $m$이라 할 때, $M^2+m^2$의 값을 구하시오.

**055** 0이 아닌 실수 $a$와 양의 상수 $r$에 대하여 함수 $y=\left|\dfrac{ax}{x-a}\right|$의 그래프와 원 $x^2+y^2=r^2$이 만나는 점의 개수를 $f(a)$라 할 때,

$$\lim_{a\to\sqrt{2}-}f(a)-\lim_{a\to\sqrt{2}+}f(a)=2$$

이다. 최고차항의 계수가 1인 이차함수 $g(x)$에 대하여 함수 $f(x)g(x)$가 $x\neq0$인 실수 전체의 집합에서 연속일 때, $g(r)$의 값을 구하시오.

# 다항함수의 미분법

## 수능 출제 포커스

- 구간별로 식이 다르게 정의된 함수가 미분가능한지 묻는 문제가 출제될 수 있다. 구간별로 식이 다르게 정의된 함수의 경우 구간의 경계점에서 연속이고, 미분계수의 좌극한과 우극한이 같으면 주어진 함수는 그 점에서 미분가능하다는 것을 이용하여 문제를 해결할 수 있어야 한다. 연속함수는 미분가능하기 위한 필요조건이라는 것에 주의하도록 한다.
- 극값, 최댓값, 최솟값 및 미분가능성 등을 파악하여 함수의 그래프와 식을 추론하는 문제가 출제될 수 있다. 함수와 그 도함수의 관계를 정확하게 파악하고 함수의 여러 성질을 상황에 맞게 적용할 수 있어야 한다. 또한, 기본적인 삼차, 사차함수의 그래프의 여러 가지 개형을 알고 필요한 함수의 그래프를 그릴 수 있도록 한다.

## 기출 및 핵심 예상 문제수

| 기출문제 | 수능 대비 예상 문제 | 최고 등급 문제 | 합계 |
| --- | --- | --- | --- |
| 17 | 40 | 9 | 66 |

## 1 미분계수와 도함수

(1) 미분계수

① 정의: 함수 $f(x)$의 $x=a$에서의 미분계수 $f'(a)$는

$$f'(a)=\lim_{h\to 0}\frac{f(a+h)-f(a)}{h}=\lim_{x\to a}\frac{f(x)-f(a)}{x-a}$$

② 기하학적 의미: 함수 $y=f(x)$의 $x=a$에서의 미분계수 $f'(a)$는 곡선 $y=f(x)$ 위의 점 $(a,\ f(a))$에서의 접선의 기울기이다.

(2) 미분가능성과 연속성

함수 $f(x)$가 $x=a$에서 미분가능하면 $f(x)$는 $x=a$에서 연속이다.

(3) 미분법의 공식

두 함수 $f(x)$, $g(x)$가 미분가능할 때

① $y=c$ ($c$는 상수)이면 $y'=0$

② $y=x^n$이면 $y'=nx^{n-1}$ (단, $n$은 자연수)

③ $y=cf(x)$이면 $y'=cf'(x)$ (단, $c$는 상수)

④ $y=f(x)\pm g(x)$이면 $y'=f'(x)\pm g'(x)$ (복부호동순)

⑤ $y=f(x)g(x)$이면 $y'=f'(x)g(x)+f(x)g'(x)$

## 2 접선의 방정식

(1) 곡선 $y=f(x)$ 위의 점 $(a,\ f(a))$에서의 접선의 방정식은

$$y-f(a)=f'(a)(x-a)$$

(2) 두 곡선 $y=f(x)$, $y=g(x)$가 $x=a$에서 접한다.

$$\Longleftrightarrow f(a)=g(a),\ f'(a)=g'(a)$$

## 3 함수의 증가와 감소

함수 $f(x)$가 어떤 열린구간에서 미분가능하고 이 구간의 모든 $x$에 대하여

(1) $f'(x)>0$이면 함수 $f(x)$는 이 구간에서 증가한다.

(2) $f'(x)<0$이면 함수 $f(x)$는 이 구간에서 감소한다.

## 4 함수의 극대와 극소

(1) 함수 $f(x)$가 $x=a$에서 미분가능하고 $x=a$에서 극값을 가지면 $f'(a)=0$이다.

그러나 일반적으로 그 역은 성립하지 않는다.

(2) 극대와 극소의 판정

미분가능한 함수 $f(x)$에 대하여 $f'(a)=0$이고, $x=a$의 좌우에서

① $f'(x)$의 부호가 양$(+)$에서 음$(-)$으로 바뀌면 $f(x)$는 $x=a$에서 극대이고, 극댓값은 $f(a)$이다.

② $f'(x)$의 부호가 음$(-)$에서 양$(+)$으로 바뀌면 $f(x)$는 $x=a$에서 극소이고, 극솟값은 $f(a)$이다.

## 5 속도와 가속도

수직선 위를 움직이는 점 P의 시각 $t$에서의 위치가 함수 $x=f(t)$로 나타내어질 때, 점 P의 시각 $t$에서의 속도 $v$와 가속도 $a$는

(1) $v=\lim_{\Delta t\to 0}\dfrac{\Delta x}{\Delta t}=\dfrac{dx}{dt}=f'(t)$

(2) $a=\lim_{\Delta t\to 0}\dfrac{\Delta v}{\Delta t}=\dfrac{dv}{dt}$

# 기출문제로 개념 확인하기

## 056
2024학년도 수능

함수 $f(x)=(x+1)(x^2+3)$에 대하여 $f'(1)$의 값을 구하시오.

## 057
2021년 시행 교육청 10월

두 함수 $f(x)=|x+3|$, $g(x)=2x+a$에 대하여 함수 $f(x)g(x)$가 실수 전체의 집합에서 미분가능할 때, 상수 $a$의 값은?

① 2 　　　② 4 　　　③ 6

④ 8 　　　⑤ 10

## 058
2022학년도 평가원 9월

함수 $f(x)=x^3-6x^2+5x$에서 $x$의 값이 0에서 4까지 변할 때의 평균변화율과 $f'(a)$의 값이 같게 되도록 하는 $0<a<4$인 모든 실수 $a$의 값의 곱은 $\dfrac{q}{p}$이다. $p+q$의 값을 구하시오. (단, $p$와 $q$는 서로소인 자연수이다.)

## 059

2022학년도 평가원 6월

함수 $f(x) = x^3 - 3x + 12$가 $x = a$에서 극소일 때, $a + f(a)$의 값을 구하시오. (단, $a$는 상수이다.)

## 060

2020년 시행 교육청 3월

함수 $f(x) = 2x^3 - 9x^2 + ax + 5$는 $x = 1$에서 극대이고, $x = b$에서 극소이다. $a + b$의 값은? (단, $a$, $b$는 상수이다.)

① 12      ② 14      ③ 16
④ 18      ⑤ 20

## 061

2021학년도 수능

곡선 $y = 4x^3 - 12x + 7$과 직선 $y = k$가 만나는 점의 개수가 2가 되도록 하는 양수 $k$의 값을 구하시오.

## 062

2021년 시행 교육청 3월

곡선 $y = x^3 - 3x^2 - 9x$와 직선 $y = k$가 서로 다른 세 점에서 만나도록 하는 정수 $k$의 최댓값을 $M$, 최솟값을 $m$이라 할 때, $M - m$의 값은?

① 27      ② 28      ③ 29
④ 30      ⑤ 31

## 063

2020년 시행 교육청 10월

수직선 위를 움직이는 점 P의 시각 $t$ ($t \geq 0$)에서의 위치 $x$가
$$x = t^3 + kt^2 + kt \ (k는 상수)$$
이다. 시각 $t = 1$에서 점 P가 운동 방향을 바꿀 때, 시각 $t = 2$에서 점 P의 가속도는?

① 4      ② 6      ③ 8
④ 10      ⑤ 12

## 유형 1 미분계수와 도함수

### 064 | 대표 유형 | 2021학년도 수능

두 다항함수 $f(x)$, $g(x)$가

$$\lim_{x \to 0} \frac{f(x)+g(x)}{x}=3, \quad \lim_{x \to 0} \frac{f(x)+3}{xg(x)}=2$$

를 만족시킨다. 함수 $h(x)=f(x)g(x)$에 대하여 $h'(0)$의 값은?

① 27      ② 30      ③ 33

④ 36      ⑤ 39

### 065

함수 $f(x)=x^3+ax^2+bx+2$가 모든 실수 $x$에 대하여

$$3f(x)=xf'(x)+5x^2+2x+6$$

을 만족시킨다. $f(1)$의 값은? (단, $a$, $b$는 상수이다.)

① 6      ② 7      ③ 8

④ 9      ⑤ 10

### 066

삼차함수 $f(x)=ax^3+bx$가 모든 실수 $x$에 대하여

$$\{f'(x)\}^2+xf(x)+c(x^2-1)=0$$

을 만족시킬 때, $f\left(\dfrac{1}{c}\right)$의 값은?

(단, $a$, $b$, $c$는 모두 0이 아닌 상수이다.)

① $-81$      ② $-82$      ③ $-83$

④ $-84$      ⑤ $-85$

## 067

함수 $f(x)=x^3+ax^2+bx+1$에 대하여

$\lim\limits_{x \to 1} \dfrac{f(x-2)-3}{x^2-1}=5$일 때, $f(1)$의 값은?

(단, $a$, $b$는 상수이다.)

① $-21$      ② $-22$      ③ $-23$

④ $-24$      ⑤ $-25$

## 068

다항함수 $f(x)$가 다음 조건을 만족시킬 때, $f(2)$의 값은?

> (가) $\lim\limits_{x \to \infty} \dfrac{f(x^3)}{x^4 f(x)}=f(1)$
>
> (나) $\lim\limits_{x \to 0} \dfrac{f(x)-1}{x}=2$

① $-1$      ② $-2$      ③ $-3$

④ $-4$      ⑤ $-5$

## 069

최고차항의 계수가 1인 삼차함수 $f(x)$와 최고차항의 계수가 2인 이차함수 $g(x)$가 다음 조건을 만족시킨다.

> (가) $f(0)=g(0)$이고 $f'(0)=g'(0)=-4$이다.
> (나) $f'(k)=g'(k)=4$인 실수 $k$가 존재한다.

$f(k)-g(k)$의 값은?

① $-1$      ② $-2$      ③ $-3$

④ $-4$      ⑤ $-5$

## 유형 2 미분가능성과 연속성

### 070 | 대표 유형 |                                   2020학년도 수능

함수

$$f(x)=\begin{cases} -x & (x\leq 0) \\ x-1 & (0<x\leq 2) \\ 2x-3 & (x>2) \end{cases}$$

와 상수가 아닌 다항식 $p(x)$에 대하여 | 보기 |에서 옳은 것만을 있는 대로 고른 것은?

┤ 보기 ├

ㄱ. 함수 $p(x)f(x)$가 실수 전체의 집합에서 연속이면 $p(0)=0$이다.

ㄴ. 함수 $p(x)f(x)$가 실수 전체의 집합에서 미분가능하면 $p(2)=0$이다.

ㄷ. 함수 $p(x)\{f(x)\}^2$이 실수 전체의 집합에서 미분가능하면 $p(x)$는 $x^2(x-2)^2$으로 나누어떨어진다.

① ㄱ          ② ㄱ, ㄴ          ③ ㄱ, ㄷ

④ ㄴ, ㄷ          ⑤ ㄱ, ㄴ, ㄷ

### 071

함수

$$f(x)=\begin{cases} x^2-2 & (x<0) \\ 2-x^3 & (0\leq x<1) \\ 4-3x & (x\geq 1) \end{cases}$$

에 대하여 | 보기 |에서 옳은 것만을 있는 대로 고른 것은?

┤ 보기 ├

ㄱ. 함수 $f(x)$는 $x=1$에서 미분가능하다.

ㄴ. 함수 $|f(x)|$는 $x=0$에서 미분가능하다.

ㄷ. 함수 $f(x)+f(-x)$는 $x=0$에서 미분가능하다.

① ㄱ          ② ㄴ          ③ ㄱ, ㄴ

④ ㄴ, ㄷ          ⑤ ㄱ, ㄴ, ㄷ

### 072

함수

$$f(x)=\begin{cases} x-2 & (x<0) \\ -x+2 & (0\leq x<2) \\ 0 & (2\leq x<4) \\ x-4 & (x\geq 4) \end{cases}$$

에 대하여 함수 $g(x)$를 $g(x)=f(x-k)$라 할 때, | 보기 |에서 옳은 것만을 있는 대로 고른 것은?

┤ 보기 ├

ㄱ. $k=-2$일 때, $\lim_{x\to 0}g(x)=g(0)$이다.

ㄴ. 함수 $f(x)+g(x)$가 $x=0$에서 연속이 되도록 하는 정수 $k$가 존재한다.

ㄷ. 함수 $f(x)g(x)$가 $x=0$에서 미분가능하도록 하는 모든 정수 $k$의 개수는 2이다.

① ㄱ          ② ㄷ          ③ ㄱ, ㄴ

④ ㄱ, ㄷ          ⑤ ㄱ, ㄴ, ㄷ

## 유형 3 접선의 방정식

### 073 | 대표 유형 |
2022학년도 수능

삼차함수 $f(x)$에 대하여 곡선 $y=f(x)$ 위의 점 $(0, 0)$에서의 접선과 곡선 $y=xf(x)$ 위의 점 $(1, 2)$에서의 접선이 일치할 때, $f'(2)$의 값은?

① $-18$          ② $-17$          ③ $-16$

④ $-15$          ⑤ $-14$

### 074

두 함수 $f(x)=x^3+3x+a$, $g(x)=x^2+bx+c$에 대하여 곡선 $y=f(x)$ 위의 점 $A(1, f(1))$에서의 접선을 $l$이라 하자. 곡선 $y=g(x)$가 직선 $l$과 점 A에서 접할 때, $a+b-c$의 값은? (단, $a$, $b$, $c$는 상수이다.)

① 1          ② 2          ③ 3

④ 4          ⑤ 5

### 075

함수 $f(x)=x^3-4x^2+ax+1$에 대하여 곡선 $y=f(x)$ 위의 점 $(2, f(2))$에서의 접선이 $x$축, $y$축과 만나는 점을 각각 P, Q라 하자. $\overline{PQ}=\sqrt{2}$일 때, 모든 실수 $a$의 값의 합은?

(단, $a\neq 4$)

① 6          ② 7          ③ 8

④ 9          ⑤ 10

## 076

그림과 같이 곡선 $y=x^2$ 위의 서로 다른 두 점 A$(1, 1)$, B$(a, a^2)$에서의 접선에 수직인 직선을 각각 $l$, $m$이라 하자. 두 직선 $l$, $m$이 만나는 점의 $x$좌표를 $f(a)$라 할 때, $\lim\limits_{a \to 1} f(a)$의 값은? (단, 점 B는 제1사분면 위의 점이다.)

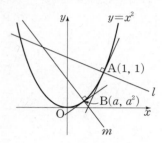

① $-1$              ② $-2$              ③ $-3$

④ $-4$              ⑤ $-5$

## 077

자연수 $k$에 대하여 함수 $y=x^3$의 그래프와 직선 $y=k(x-2)$가 만나는 교점의 개수를 $f(k)$라 할 때, $\sum\limits_{k=1}^{30} f(k)$의 값을 구하시오.

## 078

곡선 $y=x^3-3x^2+3x+2$ 위의 서로 다른 두 점 P, Q에서의 접선이 서로 평행할 때, 선분 PQ의 중점의 좌표는 $(a, b)$이다. $a+b$의 값은?

① 1              ② 2              ③ 3

④ 4              ⑤ 5

## 079

직선 $y=-x$ 위의 점 $(a,\ -a)$에서 곡선 $y=x^2+2x+4$에 그은 서로 다른 두 접선의 접점을 각각 A, B라 할 때, 직선 AB는 $a$의 값에 관계없이 항상 점 $(p,\ q)$를 지난다. $p+q$의 값은?

① $\dfrac{1}{2}$      ② $\dfrac{3}{2}$      ③ $\dfrac{5}{2}$

④ $\dfrac{7}{2}$      ⑤ $\dfrac{9}{2}$

## 080

최고차항의 계수가 $a$인 이차함수 $f(x)$가 최솟값 $f(0)$을 가지고, 모든 실수 $x$에 대하여

$$|f'(x)|\le 2x^2+4x+8$$

을 만족시킨다. 실수 $a$의 최댓값은?

① $\dfrac{3}{2}$      ② $2$      ③ $\dfrac{5}{2}$

④ $3$      ⑤ $\dfrac{7}{2}$

## 081

두 다항함수 $f(x)$, $g(x)$가 다음 조건을 만족시킨다.

> (가) $g(x)=2x^2f(x)-2$
> (나) $\displaystyle\lim_{x\to-1}\dfrac{f(x)-g(x)}{x+1}=5$

곡선 $y=f(x)$ 위의 점 $(-1,\ f(-1))$에서의 접선과 곡선 $y=g(x)$ 위의 점 $(-1,\ g(-1))$에서의 접선 및 $x$축으로 둘러싸인 부분의 넓이는?

① $\dfrac{1}{3}$      ② $\dfrac{2}{3}$      ③ $1$

④ $\dfrac{4}{3}$      ⑤ $\dfrac{5}{3}$

**유형 4** 함수의 극대와 극소

## 082 | 대표 유형 |
2023년 시행 교육청 3월

함수 $f(x)=|x^3-3x^2+p|$는 $x=a$와 $x=b$에서 극대이다. $f(a)=f(b)$일 때, 실수 $p$의 값은?

(단, $a$, $b$는 $a \neq b$인 상수이다.)

① $\dfrac{3}{2}$      ② $2$      ③ $\dfrac{5}{2}$

④ $3$      ⑤ $\dfrac{7}{2}$

## 083

함수 $f(x)=x^3-3x^2+ax+1$에 대하여 함수

$$g(x)=\begin{cases} f(x)+b & (x<3) \\ -f(x) & (x \geq 3) \end{cases}$$

이 실수 전체의 집합에서 미분가능할 때, 함수 $g(x)$의 극댓값은?

① $52$      ② $54$      ③ $56$

④ $58$      ⑤ $60$

## 084

삼차함수 $y=f(x)$의 그래프가 그림과 같을 때, 함수 $\{f(x)\}^2$이 극값을 갖는 모든 $x$의 값의 합은?

(단, $f(0)=0$)

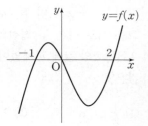

① $1$      ② $\dfrac{4}{3}$

③ $\dfrac{5}{3}$      ④ $2$

⑤ $\dfrac{7}{3}$

## 085

함수

$$f(x) = \begin{cases} -9x+2 & (x<0) \\ x^3+3x^2+ax+2 & (0 \le x < b) \\ 9x^2-21x+10 & (x \ge b) \end{cases}$$

가 실수 전체의 집합에서 미분가능할 때, 함수 $f(x)$는 극솟값 $m$을 갖는다. $abm$의 값을 구하시오.

(단, $a$, $b$는 상수이고, $b>0$이다.)

## 086

실수 전체의 집합에서 미분가능한 함수 $f(x)$가 임의의 세 실수 $a$, $b$, $c$ $(a<b<c)$에 대하여

$$\frac{f(b)-f(a)}{b-a} < \frac{f(c)-f(b)}{c-b}$$

를 만족시킨다. |보기|에서 옳은 것만을 있는 대로 고른 것은?

┌ 보기 ┐

ㄱ. $a<b$이면 $f'(a)<f'(b)$이다.
ㄴ. 함수 $f(x)$는 극댓값을 갖지 않는다.
ㄷ. 함수 $f(x)$는 극솟값을 갖지 않는다.

① ㄱ      ② ㄷ      ③ ㄱ, ㄴ
④ ㄴ, ㄷ      ⑤ ㄱ, ㄴ, ㄷ

## 087

최고차항의 계수가 1인 삼차함수 $f(x)$와 상수 $p$에 대하여 함수 $g(x)$를

$$g(x)=f(x)-f'(p)(x-p)-f(p)$$

라 하자. 두 함수 $f(x)$, $g(x)$가 다음 조건을 만족시킬 때, 상수 $p$의 값은? (단, $p \ne 1$)

(가) 함수 $f(x)$는 $x=k$에서 극값을 가지고, 모든 실수 $k$의 값의 합은 4이다.
(나) $g(1)=0$

① $\frac{1}{2}$      ② $\frac{3}{2}$      ③ $\frac{5}{2}$

④ $\frac{7}{2}$      ⑤ $\frac{9}{2}$

유형 5 함수의 최대와 최소

## 088 | 대표 유형 |

2021년도 시행 교육청 4월

닫힌구간 $[0, 3]$에서 함수 $f(x)=x^3-6x^2+9x+a$의 최댓값이 12일 때, 상수 $a$의 값은?

① 2      ② 4      ③ 6
④ 8      ⑤ 10

## 089

사차함수 $y=f(x)$의 도함수 $y=f'(x)$의 그래프가 그림과 같이 $x=0$에서 $x$축에 접하고, 점 $(3, 0)$을 지날 때, |보기|에서 옳은 것만을 있는 대로 고른 것은?

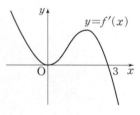

┌─ 보기 ┐

ㄱ. 함수 $f(x)$는 $x=3$에서 극댓값을 갖는다.
ㄴ. 모든 실수 $x$에 대하여 부등식 $f(x) \le f(3)$이 성립한다.
ㄷ. $a \ne 0$일 때, $f(0)=f(a)$를 만족시키는 실수 $a$에 대하여 함수 $f(x)$는 구간 $(-a, \infty)$에서 항상 최댓값을 갖는다.

① ㄱ      ② ㄴ      ③ ㄱ, ㄷ
④ ㄴ, ㄷ      ⑤ ㄱ, ㄴ, ㄷ

## 090

실수 전체의 집합에서 정의된 사차함수 $f(x)$에 대하여 도함수 $y=f'(x)$의 그래프가 그림과 같다. $\lim\limits_{x \to 2} \dfrac{f(x)+1}{x-2}=-2$일 때, 함수 $f(x)$의 최솟값은?

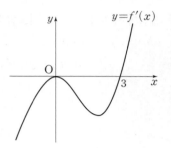

① $-\dfrac{19}{8}$      ② $-\dfrac{21}{8}$      ③ $-\dfrac{23}{8}$
④ $-\dfrac{25}{8}$      ⑤ $-\dfrac{27}{8}$

## 091

그림과 같이 곡선 $y=x^2-4x+4$ 위의 점 $(a, b)$에서의 접선과 $x$축 및 $y$축으로 둘러싸인 부분의 넓이가 최대가 되도록 할 때, 두 실수 $a$, $b$에 대하여 $a+b$의 값은?

(단, $0<a<2$)

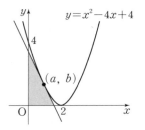

① $\dfrac{22}{9}$

② $\dfrac{23}{9}$

③ $\dfrac{8}{3}$

④ $\dfrac{25}{9}$

⑤ $\dfrac{26}{9}$

## 092

두 함수
$$f(x)=x^2-4x+k, \; g(x)=-x^3+3x^2+9x-15$$
에 대하여 함수 $(g\circ f)(x)$의 최댓값이 12가 되도록 하는 정수 $k$의 개수는?

① 6

② 7

③ 8

④ 9

⑤ 10

## 093

함수 $f(x)=-2x^3+3ax^2-2a$에 대하여 닫힌구간 $[0, 1]$에서의 최댓값을 $g(a)$라 할 때, 실수 $a$에 대하여 $g(a)$의 최솟값은?

① $-\dfrac{\sqrt{6}}{9}$

② $-\dfrac{2\sqrt{6}}{9}$

③ $-\dfrac{\sqrt{6}}{3}$

④ $-\dfrac{4\sqrt{6}}{9}$

⑤ $-\dfrac{5\sqrt{6}}{9}$

## 094 | 대표 유형 |

2021학년도 평가원 6월

$a>0$인 상수 $a$에 대하여 함수 $f(x)=|(x^2-9)(x+a)|$가 오직 한 개의 $x$ 값에서만 미분가능하지 않을 때, 함수 $f(x)$의 극댓값은?

① 32　　　　② 34　　　　③ 36

④ 38　　　　⑤ 40

## 095

삼차함수 $f(x)$가 다음 조건을 만족시킨다.

(가) 곡선 $y=f(x)$는 $x=-1$에서 $x$축에 접한다.
(나) 곡선 $y=f(x)$ 위의 점 $(1, f(1))$에서 접하고 기울기가 1인 접선이 점 $(2, f(2))$를 지난다.

$f(0)$의 값은?

① $\dfrac{1}{8}$　　　　② $\dfrac{1}{4}$　　　　③ $\dfrac{3}{8}$

④ $\dfrac{1}{2}$　　　　⑤ $\dfrac{5}{8}$

## 096

함수 $f(x)=x^4+ax^3+bx^2+cx-2b$가 다음 조건을 만족시킨다.

(가) 모든 실수 $x$에 대하여 $f(-x)=f(x)$이다.
(나) 함수 $|f(x)|$는 3개의 극댓값을 갖는다.

$f(1)>k$를 만족시키는 실수 $k$의 최댓값을 구하시오.
(단, $a$, $b$, $c$는 상수이다.)

## 097

상수 $a$에 대하여 함수 $f(x)=(x^2-4)(x+a)$가 다음 조건을 만족시킨다.

> (가) 함수 $|f(x)|$는 오직 한 개의 $x$ 값에서만 미분가능하지 않다.
> (나) 두 함수 $f(x)$, $|f(x)|$의 극댓값은 서로 같다.

$a$의 값은?

① $-1$       ② $-2$       ③ $-3$
④ $-4$       ⑤ $-5$

## 098

함수 $f(x)=2x^3-3x^2-12x+a$에 대하여 함수 $g(x)$를 $g(x)=|f(x)|$라 하면 함수 $g(x)$가 다음 조건을 만족시킨다.

> (가) 함수 $g(x)$는 $x=\alpha$, $x=\beta$ $(\alpha<\beta)$에서 극댓값을 갖는다.
> (나) $|g(\alpha)-g(\beta)|>5$

정수 $a$의 개수를 구하시오.

## 099

함수 $f(x)=3x^4-8x^3-6x^2+24x+k$가 다음 조건을 만족시킨다.

> (가) 곡선 $y=f(x)$가 $x$축에 접한다.
> (나) 함수 $|f(x)|$가 $x=a$에서 미분가능하지 않은 실수 $a$의 개수는 2이다.

모든 실수 $k$의 값의 합은?

① $-21$       ② $-18$       ③ $-15$
④ $-12$       ⑤ $-9$

**유형 7** 방정식에의 활용

## 100 | 대표 유형 |

2021학년도 평가원 6월

방정식 $2x^3+6x^2+a=0$이 $-2 \leq x \leq 2$에서 서로 다른 두 실근을 갖도록 하는 정수 $a$의 개수는?

① 4        ② 6        ③ 8

④ 10       ⑤ 12

## 101

삼차함수 $f(x)$가 다음 조건을 만족시킨다.

> (가) $x=-3$에서 극솟값을 갖는다.
> (나) $f'(-4)=f'(4)$

방정식 $f(x)=f(k)$가 서로 다른 세 실근을 가질 때, 정수 $k$의 개수는?

① 9        ② 8        ③ 7

④ 6        ⑤ 5

## 102

실수 $t$에 대하여 점 $(0, t)$에서 삼차함수 $f(x)=x^3-6x^2+5$의 그래프에 그을 수 있는 접선의 개수를 $g(t)$라 하자. $g(t)=3$이 되도록 하는 정수 $t$의 개수는?

① 5        ② 6        ③ 7

④ 8        ⑤ 9

## 103

그림과 같이 두 곡선 $y=f'(x)$, $y=g'(x)$는 $x$좌표가 $\alpha$, $\beta$, $\gamma$인 점에서 만나고 $h(x)=f(x)-g(x)$의 극댓값이 음수일 때, 함수 $y=h(x)$에 대하여 |보기|에서 옳은 것만을 있는 대로 고른 것은?

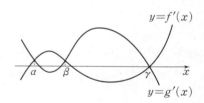

> ┤ 보기 ├
>
> ㄱ. $h(\alpha)<h(\beta)$
> ㄴ. $(\beta-\alpha)\{h(\gamma)-h(\beta)\}<(\gamma-\beta)\{h(\beta)-h(\alpha)\}$
> ㄷ. 방정식 $h(x)=0$은 서로 다른 두 실근을 갖는다.

① ㄱ        ② ㄴ        ③ ㄱ, ㄷ

④ ㄴ, ㄷ       ⑤ ㄱ, ㄴ, ㄷ

## 104

최고차항의 계수가 1인 사차함수 $f(x)$가 다음 조건을 만족시킨다.

> (가) 모든 실수 $x$에 대하여 $f(-x)=f(x)$이다.
> (나) 함수 $y=f(x)$의 그래프는 점 $(0, 1)$을 지난다.
> (다) 극댓값과 극솟값을 모두 갖는다.

실수 $k$에 대하여 방정식 $|f(x)|=k$의 서로 다른 실근의 개수를 $g(k)$라 하자. 집합 $A=\{g(k)|k$는 실수$\}$에 대하여 $5 \in A$일 때, $f(1)$의 값은?

① $-2\sqrt{2}$      ② $-\sqrt{2}$      ③ $2-2\sqrt{2}$

④ $1-\sqrt{2}$      ⑤ $1+\sqrt{2}$

---

### 유형 8 부등식에의 활용

## 105 | 대표 유형 |

2023학년도 평가원 6월

두 함수
$$f(x)=x^3-x+6, \quad g(x)=x^2+a$$
가 있다. $x \geq 0$인 모든 실수 $x$에 대하여 부등식
$$f(x) \geq g(x)$$
가 성립할 때, 실수 $a$의 최댓값은?

① 1      ② 2      ③ 3

④ 4      ⑤ 5

## 106

삼차함수 $f(x)=x^3-6x^2+3x+a$가 $x\geq1$인 모든 실수 $x$에 대하여 $f(x)>f'(x)$를 만족시킬 때, 정수 $a$의 최솟값은?

① 26      ② 27      ③ 28

④ 29      ⑤ 30

## 107

$x\leq0$인 모든 실수 $x$에 대하여 부등식
$$x^3+4x^2-ax-18\leq0$$
이 항상 성립하기 위한 실수 $a$의 최댓값은?

① 2      ② $\dfrac{5}{2}$      ③ 3

④ $\dfrac{7}{2}$      ⑤ 4

## 108

함수 $f(x)=x^3-\dfrac{7}{2}x^2-6x+a$일 때, 모든 실수 $x$에 대하여 부등식
$$f(2\sin x)\geq-8\sin^2 x$$
가 항상 성립하도록 하는 실수 $a$의 최솟값을 구하시오.

## 유형 9 속도와 가속도

### 109 | 대표 유형 |

2020학년도 수능

수직선 위를 움직이는 두 점 P, Q의 시각 $t$ $(t \geq 0)$에서의 위치 $x_1$, $x_2$가

$$x_1 = t^3 - 2t^2 + 3t, \quad x_2 = t^2 + 12t$$

이다. 두 점 P, Q의 속도가 같아지는 순간 두 점 P, Q 사이의 거리를 구하시오.

### 110

수직선 위를 움직이는 점 P의 시각 $t$ $(t \geq 0)$에서의 위치 $x$가

$$x = -t^3 + 3t^2 + 9t + k$$

이다. 점 P의 운동 방향이 바뀌는 시각에서의 점 P의 위치가 50일 때, 상수 $k$의 값을 구하시오.

### 111

수직선 위를 움직이는 두 점 P, Q의 시각 $t$ $(t > 0)$에서의 위치 $P(t)$, $Q(t)$가

$$P(t) = \frac{1}{4}t^4 - 2t^3 + 5t^2, \quad Q(t) = \frac{1}{2}t^2 + at$$

이다. 두 점 P, Q가 원점을 동시에 출발한 후 속도가 같아지는 때가 세 번일 때, 실수 $a$의 값의 범위는?

① $0 < a < 4$      ② $a > 1$      ③ $1 < a < 5$

④ $2 < a < 6$      ⑤ $a > 5$

### 112

수직선 위를 움직이는 두 점 P, Q의 시각 $t$ $(t \geq 0)$에서의 위치 $x_1(t)$, $x_2(t)$가

$$x_1(t) = 3t^2 + at, \quad x_2(t) = t^3 + bt^2 - t$$

이다. 두 점 P, Q가 원점을 동시에 출발하여 1초 후 만났을 때의 속도가 같다고 할 때, 점 P가 처음으로 운동 방향을 바꾸는 순간, 점 Q의 가속도는? (단, $a$, $b$는 상수이다.)

① 1      ② 2      ③ 3

④ 4      ⑤ 5

**113**   최고차항의 계수가 1인 삼차함수 $f(x)$에 대하여 함수 $g(x)$를

$$g(x) = \begin{cases} -f(x) & (x < 0) \\ f(x) & (x \geq 0) \end{cases}$$

으로 정의하자. 함수 $g(x)$가 다음 조건을 만족시킬 때, $f(-1)f(1)$의 값을 구하시오.

---

(가) $f'(2) + g'(2) = 0$

(나) 함수 $g(x)$는 실수 전체의 집합에서 미분가능하다.

---

**114**   미분가능한 두 함수 $f(x)$, $g(x)$가 모든 실수 $x$에 대하여

$$12x - f(x) \leq g(x) \leq 12x + f(x)$$

를 만족시킨다. $f(0) = 0$일 때, $g'(0)$의 값은?

① $-12$   ② $-6$   ③ $0$   ④ $6$   ⑤ $12$

**115**  실수 $a$에 대하여 $x$에 대한 방정식

$$|x^3 - 3x^2 + 2| = a(x+1) + 2$$

의 서로 다른 실근의 개수를 $g(a)$라 할 때, $g(-1) + g(0) + g(1)$의 값은?

① 5  ② 6  ③ 7  ④ 8  ⑤ 9

**116** 최고차항의 계수가 1인 삼차함수 $f(x)$가 다음 조건을 만족시킨다.

> (가) 모든 실수 $t$에 대하여 $f'(2-t)=f'(2+t)$이다.
> (나) 점 $(0, k)$에서 곡선 $y=f(x)$에 그은 접선의 개수는 2이고, 점 $(0, -k)$에서 곡선 $y=f(x)$에 그은 접선의 개수도 2이다. (단, $k>0$)

$k$의 값을 구하시오.

**117** 최고차항의 계수가 1이고 3보다 큰 극댓값을 갖는 사차함수 $f(x)$가 다음 조건을 만족시킨다.

> (가) 모든 실수 $x$에 대하여 $f(2-x)=f(2+x)$이다.
> (나) 방정식 $f(|x|)=3$의 서로 다른 실근의 개수가 3이다.

$f(1)$의 값을 구하시오.

**118** 최고차항의 계수가 1인 삼차함수 $f(x)$에 대하여 실수 전체의 집합에서 정의된 함수

$$g(x) = \begin{cases} f(x) & (x \geq 0) \\ -f(-x) & (x < 0) \end{cases}$$

이 다음 조건을 만족시킨다.

---

(가) 함수 $g(x)$는 실수 전체의 집합에서 연속이다.

(나) $|g(1)| = 1$

---

함수 $|g(x)|$의 미분가능하지 않은 점의 개수를 $k$라 할 때, |보기|에서 옳은 것만을 있는 대로 고른 것은?

---

┤ 보기 ├

ㄱ. $k=1$일 때, 함수 $f(x)$는 극값을 갖지 않는다.

ㄴ. $k=2$일 때, 함수 $f(x)$의 극솟값은 $-\dfrac{32}{27}$이다.

ㄷ. $k=3$일 때, 함수 $f(x)$의 (극댓값)×(극솟값)<0이다.

---

① ㄱ      ② ㄷ      ③ ㄱ, ㄴ      ④ ㄴ, ㄷ      ⑤ ㄱ, ㄴ, ㄷ

**119**

양의 실수 $t$와 삼차함수 $f(x)$에 대하여 $x$에 대한 방정식 $|f(x)|=|f(t)|$의 서로 다른 실근의 개수를 $g(t)$라 할 때, 두 함수 $f(x)$, $g(t)$가 다음 조건을 만족시킨다.

> (가) 모든 실수 $x$에 대하여 $f(x)=-f(-x)+4$이다.
> (나) 함수 $f(x)$의 극값은 $0$, $p$ $(p \neq 0)$이다.
> (다) 함수 $g(t)$가 $t=q$에서 불연속이 되도록 하는 양의 실수 $q$의 값을 $q_1$, $q_2$, $q_3$ $(q_1 < q_2 < q_3)$이라 할 때, $q_1+q_2=3$이다.

상수 $p$에 대하여 $|f(p)|$의 값을 구하시오.

**120**

최고차항의 계수가 1인 사차함수 $f(x)$와 실수 $t$에 대하여 구간 $(-\infty, t]$에서 함수 $f(x)$의 최솟값을 $g(t)$라 하자. 함수 $h(x)$를 $h(x)=f(x)-g(x)$라 할 때, 다음 조건을 만족시킨다.

> (가) 방정식 $f(x)=g(0)$을 만족시키는 서로 다른 실근의 합은 1이다.
> (나) 함수 $h(x)$는 $x=0$에서만 미분가능하지 않다.
> (다) 집합 $\{x\,|\,h(x)=0\}$의 원소의 최댓값은 2이다.

$f(5)-g(0)$의 값을 구하시오.

**121**  최고차항의 계수가 1인 삼차함수 $f(x)$가 다음 조건을 만족시킨다.

> (가) 함수 $|f(x)|$의 서로 다른 극값의 개수는 2이다.
> (나) 함수 $|f(x)|$는 $x=0$에서 극소이고, $x=1$에서 극대이다.

$f(4)$의 최댓값과 최솟값을 각각 $M$, $m$이라 하면 $M-m=p+q\sqrt{3}$이다. $p+q$의 값을 구하시오. (단, $p$, $q$는 유리수이다.)

# Ⅲ 다항함수의 적분법

## 수능 출제 포커스

· 정적분으로 정의된 함수를 적분과 미분의 관계를 이용하여 조건을 만족시키는 함수식을 찾고, 그래프를 유추해 해결하는 문제가 출제될 수 있다. 부정적분과 미분의 관계, 정적분과 미분의 관계를 정확히 이해해야 하고 부정적분의 미분, 도함수의 부정적분, 정적분의 미분을 혼동하지 않아야 한다.

· 함수의 대칭성과 주기성, 그래프의 특성을 이용하여 곡선과 좌표축 사이의 넓이 또는 두 곡선 사이의 넓이를 구하는 문제가 출제될 수 있다. 주어진 함수의 그래프의 개형을 그릴 수 있어야 어떤 부분의 넓이를 구하는지 파악할 수 있기 때문에 함수의 여러 가지 그래프의 개형을 익혀 두고, 조건에 맞게 그리는 연습을 해 두어야 한다.

## 기출 및 핵심 예상 문제수

| 기출문제 | 수능 대비 예상 문제 | 최고 등급 문제 | 합계 |
| --- | --- | --- | --- |
| 14 | 36 | 7 | 57 |

### 1 부정적분

(1) 함수 $f(x)$에 대하여 도함수가 $f(x)$인 함수 $F(x)$, 즉 $F'(x)=f(x)$인 $F(x)$를 $f(x)$의 부정적분이라 한다.

$$\int f(x)\,dx=F(x)+C \text{ (단, } C\text{는 적분상수)}$$

(2) $n$이 음이 아닌 정수일 때

$$\int x^n\,dx=\frac{1}{n+1}x^{n+1}+C \text{ (단, } C\text{는 적분상수)}$$

(3) 두 함수 $f(x)$, $g(x)$가 부정적분을 가질 때

① $\int kf(x)\,dx=k\int f(x)\,dx$ (단, $k$는 0이 아닌 실수)

② $\int \{f(x)\pm g(x)\}\,dx=\int f(x)\,dx\pm\int g(x)\,dx$

(복부호동순)

### 2 정적분

(1) 닫힌구간 $[a, b]$에서 연속인 함수 $f(x)$의 한 부정적분을 $F(x)$라 하면

$$\int_a^b f(x)\,dx=\left[F(x)\right]_a^b=F(b)-F(a)$$

(2) 함수 $f(x)$가 세 실수 $a$, $b$, $c$를 포함하는 구간에서 연속일 때

$$\int_a^c f(x)\,dx+\int_c^b f(x)\,dx=\int_a^b f(x)\,dx$$

(3) 함수 $f(x)$가 닫힌구간 $[a, b]$에서 연속일 때

$$\frac{d}{dx}\int_a^x f(t)\,dt=f(x) \text{ (단, } a<x<b)$$

### 3 넓이

(1) 함수 $f(x)$가 닫힌구간 $[a, b]$에서 연속일 때, 곡선 $y=f(x)$와 $x$축 및 두 직선 $x=a$, $x=b$로 둘러싸인 부분의 넓이 $S$는

$$S=\int_a^b |f(x)|\,dx$$

(2) 두 함수 $f(x)$, $g(x)$가 닫힌구간 $[a, b]$에서 연속일 때, 두 곡선 $y=f(x)$, $y=g(x)$와 두 직선 $x=a$, $x=b$로 둘러싸인 부분의 넓이 $S$는

$$S=\int_a^b |f(x)-g(x)|\,dx$$

### 4 속도와 거리

수직선 위를 움직이는 점 P의 시각 $t$에서의 속도를 $v(t)$, 시각 $t=a$에서의 위치를 $x_0$이라 하면

(1) 시각 $t$에서의 점 P의 위치 $x$는

$$x=x_0+\int_a^t v(t)\,dt$$

(2) 시각 $t=a$에서 $t=b$까지 점 P의 위치의 변화량은

$$\int_a^b v(t)\,dt$$

(3) 시각 $t=a$에서 $t=b$까지 점 P가 움직인 거리 $s$는

$$s=\int_a^b |v(t)|\,dt$$

## 122

2021학년도 수능

함수 $f(x)$에 대하여 $f'(x)=3x^2+4x+5$이고 $f(0)=4$일 때, $f(1)$의 값을 구하시오.

## 123

2016학년도 평가원 9월

함수 $f(x)$가

$$f(x)=\int\left(\frac{1}{2}x^3+2x+1\right)dx-\int\left(\frac{1}{2}x^3+x\right)dx$$

이고 $f(0)=1$일 때, $f(4)$의 값은?

① $\dfrac{23}{2}$ 　　② 12 　　③ $\dfrac{25}{2}$

④ 13 　　⑤ $\dfrac{27}{2}$

## 124

2020년 시행 교육청 3월

$\displaystyle\int_5^2 2t\,dt-\int_5^0 2t\,dt$의 값은?

① $-4$ 　　② $-2$ 　　③ 0

④ 2 　　⑤ 4

## 125

2016학년도 평가원 9월

함수 $f(x)$가

$$f(x) = \int_0^x (2at+1)\, dt$$

이고 $f'(2) = 17$일 때, 상수 $a$의 값을 구하시오.

## 127

2022학년도 수능

곡선 $y = x^2 - 5x$와 직선 $y = x$로 둘러싸인 부분의 넓이를 직선 $x = k$가 이등분할 때, 상수 $k$의 값은?

① 3      ② $\dfrac{13}{4}$     ③ $\dfrac{7}{2}$

④ $\dfrac{15}{4}$     ⑤ 4

## 126

2022년 시행 교육청 4월

곡선 $y = -x^2 + 4x - 4$와 $x$축 및 $y$축으로 둘러싸인 부분의 넓이를 $S$라 할 때, $12S$의 값을 구하시오.

## 128

2023년 시행 교육청 7월

수직선 위를 움직이는 점 P의 시각 $t$ $(t \geq 0)$에서의 속도 $v(t)$가

$$v(t) = t^2 - 4t + 3$$

이다. 점 P가 시각 $t=1$, $t=a$ $(a>1)$에서 운동 방향을 바꿀 때, 점 P가 시각 $t=0$에서 $t=a$까지 움직인 거리는?

① $\dfrac{7}{3}$     ② $\dfrac{8}{3}$     ③ 3

④ $\dfrac{10}{3}$     ⑤ $\dfrac{11}{3}$

**유형 1** 부정적분

## 129 | 대표 유형 |

2015학년도 수능

다항함수 $f(x)$의 도함수 $f'(x)$가 $f'(x) = 6x^2 + 4$이다. 함수 $y = f(x)$의 그래프가 점 $(0, 6)$을 지날 때, $f(1)$의 값을 구하시오.

## 130

실수 전체의 집합에서 미분가능한 함수 $F(x)$의 도함수 $f(x)$가

$$f(x) = \begin{cases} 3x^2 - 2 & (x \leq 1) \\ 2x - 1 & (x > 1) \end{cases}$$

이다. $\lim_{x \to 0} \dfrac{F(x) + 1}{x^2 + 2x} = -1$일 때, $F(3)$의 값은?

① 1　　　　　② 2　　　　　③ 3
④ 4　　　　　⑤ 5

## 131

최고차항의 계수가 1인 삼차함수 $f(x)$가 다음 조건을 만족시킨다.

(가) $f(0) > 0$, $f'(0) = 0$
(나) 방정식 $f(x) - f(4) = 0$은 서로 다른 부호의 두 실근을 갖는다.

함수 $f(x)$의 모든 극값의 합이 0일 때, $f(1)$의 값을 구하시오.

## 132

세 함수 $f(x)$, $g(x)$, $h(x)$에 대하여 $f'(x)=g(x)$, $g'(x)=h(x)$이고, $g(x)=x^3+3x^2-9x+a$이다. 두 다항식 $f(x)$, $h(x)$에 대하여 $f(x)$가 $h(x)$로 나누어떨어질 때, $4f(0)+g(0)$의 값은? (단, $a$는 상수이다.)

① 40      ② 42      ③ 44

④ 46      ⑤ 48

## 133

삼차함수 $f(x)$가 다음 조건을 만족시킨다.

> (가) 함수 $y=f(x)+2$의 그래프는 $x=1$일 때 $x$축에 접한다.
> (나) 함수 $y=f(x)-2$의 그래프는 $x=-1$일 때 $x$축에 접한다.

$f(3)$의 값을 구하시오.

## 134

미분가능한 함수 $y=f(x)$의 도함수 $y=f'(x)$의 그래프가 그림과 같다. $f(0)=0$일 때, $f(-3)+f(3)$의 값은?

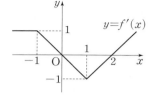

① $-1$      ② $-2$

③ $-3$      ④ $-4$

⑤ $-5$

유형 2  정적분의 계산

## 135  | 대표 유형 |
2022년 시행 교육청 7월

최고차항의 계수가 1인 삼차함수 $f(x)$가

$$\int_0^1 f'(x)\,dx = \int_0^2 f'(x)\,dx = 0$$

을 만족시킬 때, $f'(1)$의 값은?

① $-4$      ② $-3$      ③ $-2$

④ $-1$      ⑤ $0$

## 136

최고차항의 계수가 1인 삼차함수 $f(x)$가

$$\int_0^1 f'(x)\,dx = \int_1^2 f'(x)\,dx$$

를 만족시킨다. $f'(x)$의 최솟값이 5일 때, $\int_0^2 f'(x)\,dx$의 값을 구하시오.

## 137

$a \geq 0$, $b \geq 0$일 때, 두 함수

$$f(x) = 3ax + 2b,\quad g(x) = 6x^2 - 2bx + a$$

에 대하여

$$\int_0^2 f(x)\,dx = \int_0^2 g(x)\,dx = k$$

이다. $a + b$의 값이 최대일 때, 상수 $k$의 값은?

① 20      ② 21      ③ 22

④ 23      ⑤ 24

## 138

삼차방정식 $x^3-3x+1=0$의 세 근 중 가장 작은 것을 $\alpha$, 가장 큰 것을 $\beta$라 하자. $\displaystyle\int_\alpha^\beta |x^2-1|\,dx$의 값은?

① 2        ② $\dfrac{7}{3}$        ③ $\dfrac{8}{3}$

④ 3        ⑤ $\dfrac{10}{3}$

## 139

실수 전체의 집합에서 정의된 함수 $f(x)=\displaystyle\int_{-1}^{1}|t-x|\,dt$에 대하여 $\displaystyle\int_0^1 f(x)\,dx$의 값은?

① 1        ② $\dfrac{4}{3}$        ③ $\dfrac{5}{3}$

④ 2        ⑤ $\dfrac{7}{3}$

## 140

그림과 같이 삼차함수 $y=f(x)$가 $x=2$에서 극댓값 2를, $x=4$에서 극솟값 $-2$를 가질 때, $\displaystyle\int_1^5 |f'(x)|\,dx$의 값은?

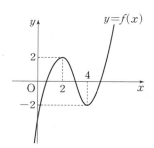

① 8        ② 10        ③ 12
④ 14        ⑤ 16

## 141 | 대표 유형 |

2022학년도 평가원 6월

닫힌구간 $[0, 1]$에서 연속인 함수 $f(x)$가

$$f(0)=0, \ f(1)=1, \ \int_0^1 f(x)\,dx=\frac{1}{6}$$

을 만족시킨다. 실수 전체의 집합에서 정의된 함수 $g(x)$가 다음 조건을 만족시킬 때, $\int_{-3}^2 g(x)\,dx$의 값은?

---

(가) $g(x)=\begin{cases} -f(x+1)+1 & (-1<x<0) \\ f(x) & (0\le x\le 1) \end{cases}$

(나) 모든 실수 $x$에 대하여 $g(x+2)=g(x)$이다.

---

① $\dfrac{5}{2}$      ② $\dfrac{17}{6}$      ③ $\dfrac{19}{6}$

④ $\dfrac{7}{2}$      ⑤ $\dfrac{23}{6}$

## 142

최고차항의 계수가 1인 삼차함수 $f(x)$가 다음 조건을 만족시킨다.

---

(가) $f'(-1)=f'(1)=1$

(나) $\displaystyle\int_{-1}^1 f(x)\,dx=2$

---

$30\displaystyle\int_{-2}^2 xf(x)\,dx$의 값을 구하시오.

## 143

이차함수 $f(x)=ax^2+bx$ ($a$, $b$는 상수, $a\ne 0$)이 등식 $\displaystyle\int_{-1}^1 f(x)\,dx=\int_{-1}^1 xf(x)\,dx$를 만족시킨다. $-1\le x\le 1$인 실수 $x$에 대하여 $f(x)+1>0$이 성립하도록 하는 정수 $a$의 개수를 구하시오.

## 144

삼차함수 $f(x)$가 다음 조건을 만족시킨다.

> (가) 모든 실수 $x$에 대하여 $f(-x)=-f(x)$이다.
>
> (나) 함수 $f(x)$는 $x=2$에서 극솟값 $-16$을 갖는다.

$0$이 아닌 실수 $k$가 $\int_{-k}^{k} xf(x)\,dx=0$을 만족시킬 때, $k^2$의 값을 구하시오.

## 145

실수 전체의 집합에서 연속인 함수 $f(x)$가 다음 조건을 만족시킨다.

> (가) $-1 \le x \le 1$일 때, $f(x)=a(1-x^2)$이다.
>
> (나) 모든 실수 $x$에 대하여 $f(x+2)=f(x)$이다.

$\int_{1}^{10} f(x)\,dx=36$일 때, 상수 $a$의 값은?

① 4        ② 6        ③ 8

④ 10       ⑤ 12

## 146

최고차항의 계수가 1인 사차함수 $f(x)$가 모든 실수 $x$에 대하여

$$f(1)=f'(1)=0, \quad \int_{-k}^{k} f'(x)\,dx=0 \ (k\text{는 실수})$$

를 만족시키고, 실수 전체의 집합에서 정의된 함수 $g(x)$가 다음 조건을 만족시킨다.

> (가) $-1 \le x \le 1$일 때, $g(x)=-f(x)+1$이다.
>
> (나) 모든 실수 $x$에 대하여 $g(x+2)=g(x)$이다.

$\int_{-3}^{4} g(x)\,dx=\dfrac{q}{p}$일 때, $p+q$의 값을 구하시오.

(단, $p$와 $q$는 서로소인 자연수이다.)

## 147

실수 전체의 집합에서 연속인 함수 $f(x)$가 $f(x+4)=f(x)$ 를 만족시키고

$$f(x)=\begin{cases} 2x+a & (0\le x<2) \\ -2x^2+bx-7 & (2\le x<4) \end{cases}$$

일 때, $\displaystyle\int_{-6}^{6} f(x)\,dx$의 값을 구하시오. (단, $a$, $b$는 상수이다.)

---

유형 **4** 정적분으로 정의된 함수

## 148 | 대표 유형 |

2022학년도 평가원 9월

다항함수 $f(x)$가 모든 실수 $x$에 대하여

$$xf(x)=2x^3+ax^2+3a+\int_1^x f(t)\,dt$$

를 만족시킨다. $f(1)=\displaystyle\int_0^1 f(t)\,dt$일 때, $a+f(3)$의 값은?

(단, $a$는 상수이다.)

① 5      ② 6      ③ 7

④ 8      ⑤ 9

## 149

다항함수 $f(x)$에 대하여

$$f(x)=x^2-2x+2\int_0^1 f(t)f'(t)\,dt$$

일 때, $f(2)$의 값은?

① $\dfrac{1}{3}$      ② $\dfrac{2}{3}$      ③ $1$

④ $\dfrac{4}{3}$      ⑤ $\dfrac{5}{3}$

## 150

최고차항의 계수가 1인 이차함수 $f(x)$에 대하여 함수 $g(x)$를

$$g(x) = \int_1^x f(t)\,dt$$

라 하자. 함수 $g(x)$가 $\displaystyle\lim_{x \to -1} \frac{g(x)}{x^2-1} = -\frac{2}{3}$를 만족시킬 때, $g(2) + g'(-2)$의 값을 구하시오.

## 151

다항함수 $f(x)$가

$$\lim_{x \to 2} \frac{1}{x^2-4} \int_1^x (x^2-t^2)f(t)\,dt = \frac{3}{4}$$

을 만족시킬 때, $\displaystyle\int_1^2 (5x^2-4)f(x)\,dx$의 값은?

① 10  ② 11  ③ 12

④ 13  ⑤ 14

## 152

다항함수 $f(x)$에 대하여 함수

$$g(x) = \int_0^x f(t)\,dt$$

라 할 때, 두 함수 $f(x)$, $g(x)$가 다음 조건을 만족시킨다.

(가) $f(0) = -2$

(나) $g(x) = x^3 + ax^2 - 2x \displaystyle\int_0^1 f(t)\,dt$ (단, $a$는 상수)

$\displaystyle\lim_{x \to 0} \frac{1}{x} \int_{2-x}^{2+x} g(t)\,dt$의 값을 구하시오.

## 153

최고차항의 계수가 양수인 삼차함수 $f(x)$가 $x=1$, $x=2$에서 극값을 가지고, 함수 $g(x)$가 모든 실수 $x$에 대하여

$$g(x)=(1-x)f(x)+\int_1^x f(t)\,dt$$

를 만족시킨다. 함수 $g(x)$의 극댓값이 $\dfrac{1}{2}$일 때, $f'(3)$의 값을 구하시오.

## 154

다항함수 $f(x)$가 모든 실수 $x$에 대하여

$$\int_1^x (3t^2-x^2)f(t)\,dt=3x^6+ax^5+bx^4$$

을 만족시킨다. $f(-1)=21$, $f(0)=-10$일 때, $f(2)$의 값은? (단, $a$, $b$는 상수이다.)

① 75      ② 80      ③ 85

④ 90      ⑤ 95

## 155

$0\le x\le 2$에서 정의된 연속함수 $f(x)$가 다음 조건을 만족시킨다.

(가) $0\le x\le 1$일 때, $f(x)=x^2$이다.

(나) $0\le x\le 1$인 실수 $x$에 대하여

$$\int_x^{x+1} f(t)\,dt=x+\frac{1}{3}$$

| 보기 |에서 옳은 것만을 있는 대로 고른 것은?

┌─ 보기 ─┐

ㄱ. $f(2)=2$

ㄴ. $f'(1)=2$

ㄷ. $1<c<2$일 때, $f'(c)\le 1$이다.

① ㄱ      ② ㄴ      ③ ㄱ, ㄷ

④ ㄴ, ㄷ      ⑤ ㄱ, ㄴ, ㄷ

## 156

일차함수 $f(x)$가

$$\int_0^x f(t)\,dt + \int_0^1 (x-t)^2 f(t)\,dt = 2x^2 - 4x + k$$

를 만족시키고 $f(2)=8$일 때, $f(3)$의 값은?

(단, $k$는 상수이다.)

① 6          ② 8          ③ 10

④ 12         ⑤ 14

## 157

두 다항함수 $f(x)$, $g(x)$가 다음 조건을 만족시킨다.

(가) $g'(x)=f(x)$

(나) $x$에 대한 방정식 $\displaystyle\int_0^1 \{xf(t)-2\}^2\,dt=0$의 실근은 1개
이다.

$g(0)=-1$, $g(1)=5$일 때, $\displaystyle\int_0^1 \{f(x)\}^2\,dx$의 값은?

① 4          ② 9          ③ 16

④ 25         ⑤ 36

## 158

최고차항의 계수가 2인 이차함수 $y=f(x)$의 그래프와 일차함수 $y=g(x)$의 그래프가 그림과 같다. $F(x)$를

$$F(x)=\int_{-1}^x \{g(t)-f(t)\}\,dt$$

로 정의할 때, |보기|에서 옳은 것만을 있는 대로 고른 것은?

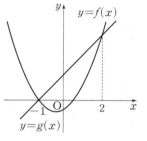

┤ 보기 ├

ㄱ. $F(2)=9$

ㄴ. 함수 $F(x)$는 $x=2$에서 극댓값을 갖는다.

ㄷ. 모든 실수 $x$에 대하여 $F\left(\dfrac{1}{2}-x\right)+F\left(\dfrac{1}{2}+x\right)=9$가
성립한다.

① ㄱ         ② ㄴ         ③ ㄱ, ㄴ

④ ㄴ, ㄷ       ⑤ ㄱ, ㄴ, ㄷ

## 159 | 대표 유형 |

2024학년도 평가원 6월

양수 $k$에 대하여 함수 $f(x)$는
$$f(x)=kx(x-2)(x-3)$$
이다. 곡선 $y=f(x)$와 $x$축이 원점 O와 두 점 P, Q $(\overline{\mathrm{OP}}<\overline{\mathrm{OQ}})$ 에서 만난다. 곡선 $y=f(x)$와 선분 OP로 둘러싸인 영역을 $A$, 곡선 $y=f(x)$와 선분 PQ로 둘러싸인 영역을 $B$라 하자.
$$(A\text{의 넓이})-(B\text{의 넓이})=3$$
일 때, $k$의 값은?

① $\dfrac{7}{6}$  ② $\dfrac{4}{3}$  ③ $\dfrac{3}{2}$

④ $\dfrac{5}{3}$  ⑤ $\dfrac{11}{6}$

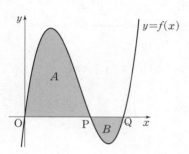

## 160

이차함수 $f(x)$가 $x_2-x_1=x_3-x_2=1$인 세 실수 $x_1$, $x_2$, $x_3$에 대하여
$$f(x_1)=3,\ f(x_2)=8,\ f(x_3)=7$$
을 만족시킬 때, 곡선 $y=f(x)$와 $x$축 및 두 직선 $x=x_1$, $x=x_3$으로 둘러싸인 부분의 넓이는?

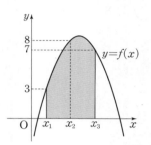

① 11  ② 12  ③ 13

④ 14  ⑤ 15

## 161

2 이상의 자연수 $n$에 대하여 $0\le x\le 1$에서 정의된 함수 $f(x)=x^n$의 그래프와 $y$축 및 직선 $y=1$로 둘러싸인 부분의 넓이를 $S_n$이라 하자. 함수 $f(x)$의 역함수를 $g(x)$라 할 때, |보기|에서 옳은 것만을 있는 대로 고른 것은?

> |보기|
>
> ㄱ. $S_2=\dfrac{2}{3}$
>
> ㄴ. $S_n>S_{n+1}$
>
> ㄷ. $\displaystyle\int_0^1 f(x)\,dx+\int_0^1 g(x)\,dx=1$

① ㄱ  ② ㄱ, ㄴ  ③ ㄱ, ㄷ

④ ㄴ, ㄷ  ⑤ ㄱ, ㄴ, ㄷ

## 유형 6 두 곡선 사이의 넓이

### 162 | 대표 유형 |

2020학년도 평가원 9월

함수 $f(x)=x^2-2x$에 대하여 두 곡선 $y=f(x)$, $y=-f(x-1)-1$로 둘러싸인 부분의 넓이는?

① $\dfrac{1}{6}$     ② $\dfrac{1}{4}$     ③ $\dfrac{1}{3}$

④ $\dfrac{5}{12}$     ⑤ $\dfrac{1}{2}$

### 163

두 함수

$$f(x)=-\frac{3}{4}x^2+3,\ g(x)=x^2-3|x|+2$$

의 그래프로 둘러싸인 부분의 넓이는?

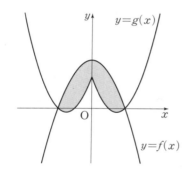

① $6$     ② $\dfrac{20}{3}$     ③ $\dfrac{22}{3}$

④ $8$     ⑤ $\dfrac{26}{3}$

### 164

그림과 같이 이차함수 $y=x^2$의 그래프와 직선 $y=x+k$가 두 점 P, Q에서 만나고, 선분 PQ의 길이는 $3\sqrt{2}$이다. 이차함수 $y=x^2$의 그래프와 직선 $y=x+k$로 둘러싸인 부분의 넓이는? (단, $k$는 상수이다.)

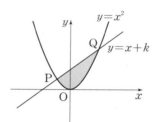

① $4$     ② $\dfrac{9}{2}$     ③ $5$

④ $\dfrac{11}{2}$     ⑤ $6$

## 165

두 함수 $f(x)=4x^3-6x^2+x$, $g(x)=x+k$에 대하여 곡선 $y=f(x)$와 직선 $y=g(x)$가 만나는 서로 다른 점의 개수는 2이다. 곡선 $y=f(x)$와 직선 $y=g(x)$로 둘러싸인 도형의 넓이는? (단, $k$는 음이 아닌 상수이다.)

① $\dfrac{21}{16}$      ② $\dfrac{3}{2}$      ③ $\dfrac{27}{16}$

④ $\dfrac{15}{8}$      ⑤ $\dfrac{33}{16}$

## 166

그림과 같이 두 함수

$$f(x)=x^3-4x,\ g(x)=\begin{cases} x^2-2x & (x\geq0) \\ 3x^2 & (x<0) \end{cases}$$

의 그래프로 둘러싸인 부분의 넓이는?

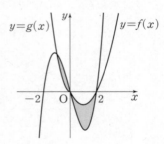

① $\dfrac{11}{4}$      ② $\dfrac{35}{12}$      ③ $\dfrac{37}{12}$

④ $\dfrac{13}{4}$      ⑤ $\dfrac{41}{12}$

## 167

함수 $f(x)=\begin{cases} x^3-x & (x<0) \\ 5x-x^2 & (x\geq0) \end{cases}$ 에 대하여 함수 $y=f(x)$의 그래프와 직선 $y=ax$가 그림과 같이 서로 다른 세 점 P, O, Q에서 만난다. 함수 $y=f(x)$의 그래프와 직선 $y=ax$로 둘러싸인 부분의 넓이가 최소가 될 때, 상수 $a$의 값은?

(단, O는 원점이다.)

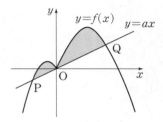

① $\dfrac{5}{3}$      ② $2$      ③ $\dfrac{7}{3}$

④ $\dfrac{8}{3}$      ⑤ $3$

## 유형 7 속도와 거리

### 168 | 대표 유형 |

2022학년도 평가원 9월

수직선 위를 움직이는 점 P의 시각 $t$ $(t>0)$에서의 속도 $v(t)$가

$$v(t) = -4t^3 + 12t^2$$

이다. 시각 $t=k$에서 점 P의 가속도가 12일 때, 시각 $t=3k$에서 $t=4k$까지 점 P가 움직인 거리는? (단, $k$는 상수이다.)

① 23      ② 25      ③ 27

④ 29      ⑤ 31

### 169

원점을 출발하여 수직선 위를 움직이는 두 점 P, Q의 시각 $t$ $(t \geq 0)$에서의 속도를 각각 $v_P(t)$, $v_Q(t)$라 하자.

$$v_P(t) = -t^2 + 4t - 3, \quad v_Q(t) = t^2 - 7t + 10$$

일 때, 시각 $t=1$에서 $t=5$까지 두 점 P, Q가 서로 반대 방향으로 움직인 거리의 합은?

① $\dfrac{5}{3}$      ② $\dfrac{11}{6}$      ③ 2

④ $\dfrac{13}{6}$      ⑤ $\dfrac{7}{3}$

### 170

원점을 출발하여 수직선 위를 움직이는 점 P의 시각 $t$초 $(t \geq 0)$에서의 속도가 $v(t) = 4t$이다. 점 P가 출발하고 2초 후에 점 Q가 원점에서 출발하여 일정한 속도 $k$로 점 P를 쫓아갈 때, 점 P를 따라잡기 위한 점 Q의 속도 $k$의 최솟값은?

(단, $k > 0$)

① 10      ② 12      ③ 14

④ 16      ⑤ 18

### 171

수직선 위를 움직이는 두 점 P, Q의 시각 $t$ $(t>0)$에서의 속도는 각각

$$f(t) = 6t^2 - 8t + 14, \quad g(t) = 3t^2 + 4t + 5$$

이다. 보기에서 옳은 것만을 있는 대로 고른 것은?

┤ 보기 ├

ㄱ. 두 점 P, Q의 속도가 서로 같아지는 시각은 $t=1$뿐이다.

ㄴ. 시각 $t=0$에서 시각 $t=3$까지 점 P가 움직인 거리는 점 Q가 움직인 거리보다 크다.

ㄷ. 점 P가 원점에서 출발하고, 동시에 점 Q가 원점에서 양의 방향으로 3만큼 떨어진 위치에서 출발할 때, 두 점 P, Q는 $0 \leq t \leq 4$에서 3번 만난다.

① ㄱ      ② ㄷ      ③ ㄱ, ㄷ

④ ㄴ, ㄷ      ⑤ ㄱ, ㄴ, ㄷ

**172**

삼차함수 $f(x)=x^3-6x^2+9x+k$ $(k<0)$에 대하여 방정식 $f(x)=0$의 서로 다른 실근의 개수가 2일 때, 함수 $y=f(x)$의 그래프와 $x$축, $y$축 및 직선 $x=3$으로 둘러싸인 부분의 넓이는?

① 5      ② $\dfrac{21}{4}$      ③ $\dfrac{11}{2}$      ④ $\dfrac{23}{4}$      ⑤ 6

**173**

삼차함수 $g(x)$에 대하여 함수 $f(x)$는

$$f(x)=\begin{cases} 2x & (x<0) \\ g(x) & (0\le x\le 2) \\ ax+b & (x>2) \end{cases}$$

이다. $f(x)$가 실수 전체의 집합에서 미분가능하고 $f(1)=3$, $f(2)=6$일 때, | 보기 |에서 옳은 것만을 있는 대로 고른 것은? (단, $a$, $b$는 상수이다.)

┌─── 보기 ├───────────────────────────

ㄱ. $g'(0)=2$

ㄴ. $f'(1)=2$

ㄷ. $\displaystyle\int_0^4 f(x)\,dx=22$

└──────────────────────────────────

① ㄱ      ② ㄱ, ㄴ      ③ ㄱ, ㄷ      ④ ㄴ, ㄷ      ⑤ ㄱ, ㄴ, ㄷ

**174** 다항함수 $f(x)$가 $\lim\limits_{x\to\infty}\dfrac{f(x)+x^3}{x+1}=3$을 만족시킨다. 양수 $t$에 대하여 $0\le x\le t$일 때, $f(x)$의 최댓값을 $g(t)$라 하면 $\displaystyle\int_0^2 g(t)\,dt=\dfrac{13}{4}$이다. $\displaystyle\int_{-2}^2 |f(x)|\,dx$의 값을 구하시오.

**175** 최고차항의 계수가 양수인 삼차함수 $f(x)$가 다음 조건을 만족시킨다.

> (가) 함수 $f(x)$는 $x=-1$, $x=1$에서 극값을 갖는다.
> (나) $f(0)=1$

$x \leq 1$인 모든 실수 $x$에 대하여 부등식 $f(x) \leq f(t)$가 성립하기 위한 양수 $t$의 최솟값을 $a$라 할 때, $\displaystyle\int_0^a f(x)\,dx = -2$이다. $f'(3)$의 값을 구하시오.

**176**

최고차항의 계수가 1인 삼차함수 $f(x)$가 다음 조건을 만족시킨다.

> (가) $f(0)=1$, $f'(0)<0$
>
> (나) $\displaystyle\int_{-1}^{1} f(x)\,dx=2$
>
> (다) 함수 $|f(x)+k|$가 $x=p$에서 미분가능하지 않은 실수 $p$의 값이 1개가 되도록 하는 양수 $k$의 최솟값은 15이다.

함수 $y=f(x)$의 그래프와 직선 $y=1$로 둘러싸인 부분의 넓이는?

① 72          ② 76          ③ 80          ④ 84          ⑤ 88

**177**

최고차항의 계수가 1인 다항함수 $f(x)$의 한 부정적분 $F(x)$가 모든 실수 $x$에 대하여

$$4F(x)=x\{f(x)-4x-6\}+4$$

를 만족시킬 때, | 보기 |에서 옳은 것만을 있는 대로 고른 것은?

┤ 보기 ├

ㄱ. $f(0)=-2$

ㄴ. $F(2)=-7$

ㄷ. $-10\leq m\leq 10$일 때, $\displaystyle\int_{m}^{m+1}\{f(x)+2\}\,dx>0$을 만족시키는 모든 정수 $m$의 개수는 10이다.

① ㄱ      ② ㄷ      ③ ㄱ, ㄴ      ④ ㄴ, ㄷ      ⑤ ㄱ, ㄴ, ㄷ

**178** 사차함수 $f(x)=60x(x-1)(x-2)(x-4)$에 대하여 실수 $a$는 다음 조건을 만족시킨다.

> (가) $2 \le a \le 4$
>
> (나) 양의 실수 $x$에 대하여 방정식 $\int_a^x |f(t)|\,dt - \left| \int_a^x f(t)\,dt \right| = s$의 해가 무수히 많도
> 록 하는 모든 실수 $s$의 값의 합은 0이다.
>
> (다) $\int_1^a f(t)\,dt < 0$

$\int_0^a |f(t)|\,dt$의 값을 구하시오.

$$\left( \text{단, } \int_0^1 |f(x)|\,dx=53, \int_1^2 |f(x)|\,dx=37, \int_2^4 |f(x)|\,dx=496 \right)$$

MEMO

# 메가스터디 N제

## 수학영역 수학 II | 4점 공략

수능 완벽 대비 예상 문제집

정답 및 해설

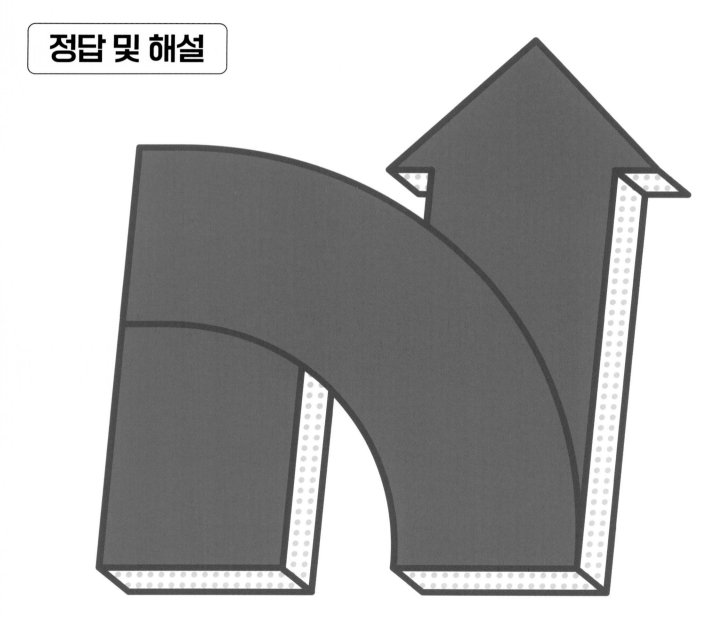

# 178제

메가스터디BOOKS

# 메가스터디 N제

## 수학영역 수학 II | 4점 공략

# 178제

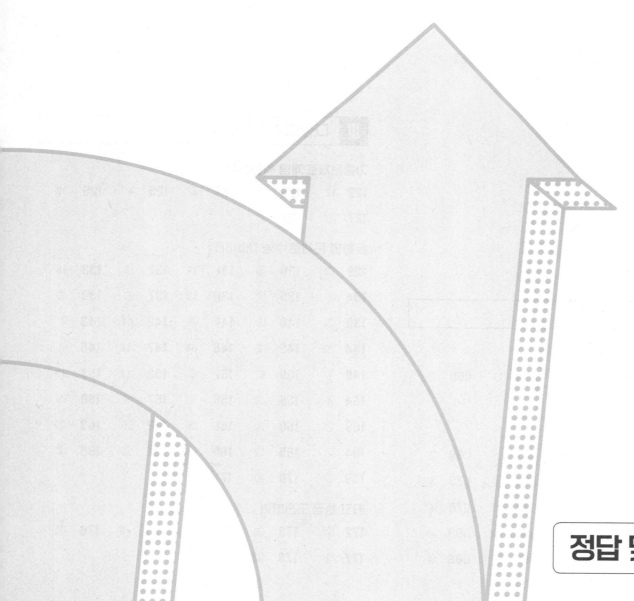

정답 및 해설

## I 함수의 극한과 연속

### 기출문제로 개념 확인하기

| | | | | |
|---|---|---|---|---|
| 001 ④ | 002 ② | 003 ② | 004 ① | 005 ⑤ |
| 006 ② | 007 ① | | | |

### 유형별 문제로 수능 대비하기

| | | | | |
|---|---|---|---|---|
| 008 ① | 009 ② | 010 4 | 011 ⑤ | 012 ④ |
| 013 ⑤ | 014 1 | 015 ④ | 016 ② | 017 ② |
| 018 ④ | 019 ③ | 020 ② | 021 ① | 022 ④ |
| 023 ③ | 024 ② | 025 8 | 026 ③ | 027 3 |
| 028 ⑤ | 029 ④ | 030 ① | 031 2 | 032 ① |
| 033 ③ | 034 ② | 035 6 | 036 ④ | 037 ① |
| 038 3 | 039 ④ | 040 ① | 041 ② | 042 ③ |
| 043 ④ | 044 ⑤ | 045 ⑤ | 046 ③ | 047 ④ |

### 최고 등급 도전하기

| | | | | |
|---|---|---|---|---|
| 048 ③ | 049 ④ | 050 ⑤ | 051 10 | 052 ② |
| 053 ④ | 054 82 | 055 14 | | |

## Ⅱ 다항함수의 미분법

### 기출문제로 개념 확인하기

| | | | | |
|---|---|---|---|---|
| 056 8 | 057 ③ | 058 11 | 059 11 | 060 ② |
| 061 15 | 062 ④ | 063 ④ | | |

### 유형별 문제로 수능 대비하기

| | | | | |
|---|---|---|---|---|
| 064 ① | 065 ④ | 066 ④ | 067 ① | 068 ③ |
| 069 ④ | 070 ② | 071 ③ | 072 ④ | 073 ⑤ |
| 074 ⑤ | 075 ④ | 076 ④ | 077 37 | 078 ④ |
| 079 ④ | 080 ① | 081 ④ | 082 ② | 083 ④ |
| 084 ④ | 085 54 | 086 ④ | 087 ③ | 088 ④ |

| | | | | |
|---|---|---|---|---|
| 089 ⑤ | 090 ① | 091 ① | 092 ② | 093 ④ |
| 094 ① | 095 ③ | 096 9 | 097 ② | 098 20 |
| 099 ① | 100 ③ | 101 ① | 102 ③ | 103 ⑤ |
| 104 ③ | 105 ⑤ | 106 ④ | 107 ③ | 108 10 |
| 109 27 | 110 23 | 111 ① | 112 ④ | |

### 최고 등급 도전하기

| | | | | |
|---|---|---|---|---|
| 113 8 | 114 ⑤ | 115 ⑤ | 116 4 | 117 12 |
| 118 ④ | 119 50 | 120 490 | 121 48 | |

## Ⅲ 다항함수의 적분법

### 기출문제로 개념 확인하기

| | | | | |
|---|---|---|---|---|
| 122 12 | 123 ④ | 124 ⑤ | 125 4 | 126 32 |
| 127 ① | 128 ② | | | |

### 유형별 문제로 수능 대비하기

| | | | | |
|---|---|---|---|---|
| 129 12 | 130 ④ | 131 11 | 132 ④ | 133 18 |
| 134 ③ | 135 ④ | 136 12 | 137 ⑤ | 138 ③ |
| 139 ② | 140 ③ | 141 ② | 142 64 | 143 3 |
| 144 20 | 145 ② | 146 64 | 147 44 | 148 ④ |
| 149 ① | 150 6 | 151 ③ | 152 24 | 153 12 |
| 154 ④ | 155 ① | 156 ⑤ | 157 ⑤ | 158 ⑤ |
| 159 ② | 160 ④ | 161 ③ | 162 ③ | 163 ② |
| 164 ② | 165 ③ | 166 ⑤ | 167 ⑤ | 168 ③ |
| 169 ② | 170 ④ | 171 ② | | |

### 최고 등급 도전하기

| | | | | |
|---|---|---|---|---|
| 172 ② | 173 ③ | 174 5 | 175 48 | 176 ① |
| 177 ③ | 178 338 | | | |

# I 함수의 극한과 연속

## 001 답 ④

$x-1=t$라 하면 $x \to 0+$일 때, $t \to -1+$이므로

$\lim\limits_{x \to 0+} f(x-1) = \lim\limits_{t \to -1+} f(t) = -1$

$f(x)=s$라 하면 $x \to 1+$일 때, $s \to -1-$이므로

$\lim\limits_{x \to 1+} f(f(x)) = \lim\limits_{s \to -1-} f(s) = 2$

$\therefore \lim\limits_{x \to 0+} f(x-1) + \lim\limits_{x \to 1+} f(f(x)) = -1+2 = 1$

## 002 답 ②

$\begin{aligned}\lim\limits_{x \to 1}(x^2-1)f(x) &= \lim\limits_{x \to 1}(x+1)(x-1)f(x) \\ &= \lim\limits_{x \to 1}(x+1) \times \lim\limits_{x \to 1}(x-1)f(x) \\ &= 2 \times 3 = 6\end{aligned}$

## 003 답 ②

$\lim\limits_{x \to 0} \dfrac{f(x)}{x} = 1$에서 $x \to 0$일 때, 극한값이 존재하고 (분모) $\to 0$

이므로 (분자) $\to 0$이어야 한다.

$\therefore \lim\limits_{x \to 0} f(x) = f(0) = 0$

$\lim\limits_{x \to 1} \dfrac{f(x)}{x-1} = 1$에서 $x \to 1$일 때, 극한값이 존재하고 (분모) $\to 0$

이므로 (분자) $\to 0$이어야 한다.

$\therefore \lim\limits_{x \to 1} f(x) = f(1) = 0$

즉, 삼차함수 $f(x)$를

$f(x) = x(x-1)(ax+b)$ $(a \neq 0$, $a$, $b$는 상수)

라 할 수 있다.

$\begin{aligned}\lim\limits_{x \to 0} \dfrac{f(x)}{x} &= \lim\limits_{x \to 0} \dfrac{x(x-1)(ax+b)}{x} \\ &= \lim\limits_{x \to 0}(x-1)(ax+b) = -b\end{aligned}$

이므로 $-b=1$    $\therefore b=-1$

$\begin{aligned}\lim\limits_{x \to 1} \dfrac{f(x)}{x-1} &= \lim\limits_{x \to 1} \dfrac{x(x-1)(ax+b)}{x-1} \\ &= \lim\limits_{x \to 1} x(ax+b) = a+b\end{aligned}$

이므로 $a+b=1$    $\therefore a=2$

따라서 $f(x) = x(x-1)(2x-1)$이므로

$f(2) = 2 \times 1 \times 3 = 6$

## 004 답 ①

함수 $f(x)$가 실수 전체의 집합에서 연속이려면 $x=a$에서 연속이

어야 하므로

$\lim\limits_{x \to a+} f(x) = \lim\limits_{x \to a-} f(x) = f(a)$이어야 한다.

$\lim\limits_{x \to a+} f(x) = \lim\limits_{x \to a+}(ax-6) = a^2-6$,

$\lim\limits_{x \to a-} f(x) = \lim\limits_{x \to a-}(-2x+a) = -2a+a = -a$,

$f(a) = -a$

이므로 $a^2-6 = -a$에서

$a^2+a-6=0$, $(a+3)(a-2)=0$

$\therefore a=-3$ 또는 $a=2$

따라서 모든 상수 $a$의 값의 합은

$-3+2 = -1$

## 005 답 ⑤

함수 $f(x)$가 실수 전체의 집합에서 연속이므로 $x=3$에서도 연속

이다.

즉, $\lim\limits_{x \to 3+} f(x) = \lim\limits_{x \to 3-} f(x) = f(3)$이어야 하므로

$\lim\limits_{x \to 3+} \dfrac{2x+1}{x-2} = \lim\limits_{x \to 3-} \dfrac{x^2+ax+b}{x-3} = 7$    ...... ㉠

㉠에서 $x \to 3-$일 때, 극한값이 존재하고 (분모) $\to 0$이므로

(분자) $\to 0$이어야 한다.

즉, $\lim\limits_{x \to 3-}(x^2+ax+b) = 9+3a+b = 0$에서

$b = -3a-9$

㉠에서

$\begin{aligned}\lim\limits_{x \to 3-} \dfrac{x^2+ax+b}{x-3} &= \lim\limits_{x \to 3-} \dfrac{x^2+ax-3a-9}{x-3} \\ &= \lim\limits_{x \to 3-} \dfrac{(x-3)(x+3+a)}{x-3} \\ &= \lim\limits_{x \to 3-}(x+3+a) = 6+a = 7\end{aligned}$

이므로 $a=1$

$a=1$을 $b=-3a-9$에 대입하여 정리하면 $b=-12$

$\therefore a-b = 1-(-12) = 13$

## 006 답 ②

함수 $f(x)$가 실수 전체의 집합에서 연속이므로 $x=1$에서도 연속

이다.

즉, $\lim\limits_{x \to 1} f(x) = f(1)$이므로

$f(1) = 4-f(1)$, $2f(1) = 4$

$\therefore f(1) = 2$

## 007 답 ①

함수 $f(x)$는 $x=1$에서 불연속이고 함수 $g(x)$는 실수 전체의 집합

에서 연속이므로 함수 $f(x)g(x)$가 실수 전체의 집합에서 연속이

면 $x=1$에서도 연속이다.

즉, $\lim\limits_{x \to 1+} f(x)g(x) = \lim\limits_{x \to 1-} f(x)g(x) = f(1)g(1)$이어야 하므로

$\lim\limits_{x \to 1+} \dfrac{2x^3+ax+b}{2x+1} = \lim\limits_{x \to 1-} \dfrac{2x^3+ax+b}{x-1} = \dfrac{2+a+b}{2+1}$

$\therefore \lim\limits_{x \to 1-} \dfrac{2x^3+ax+b}{x-1} = \dfrac{2+a+b}{3}$    ...... ㉠

⊙에서 $x \to 1-$일 때, 극한값이 존재하고 (분모) $\to 0$이므로
(분자) $\to 0$이어야 한다.

즉, $\lim\limits_{x \to 1-} (2x^3 + ax + b) = 0$에서

$2 + a + b = 0$  $\therefore b = -a - 2$

⊙에서

$$\lim\limits_{x \to 1-} \frac{2x^3 + ax + b}{x - 1} = \lim\limits_{x \to 1-} \frac{2x^3 + ax - a - 2}{x - 1}$$
$$= \lim\limits_{x \to 1-} \frac{(x-1)(2x^2 + 2x + a + 2)}{x - 1}$$
$$= \lim\limits_{x \to 1-} (2x^2 + 2x + a + 2)$$
$$= 2 + 2 + a + 2$$
$$= 6 + a = 0$$

이므로 $a = -6$

$a = -6$을 $b = -a - 2$에 대입하여 정리하면

$b = 4$

$\therefore b - a = 4 - (-6) = 10$

## 유형별 문제로 수능 대비하기    본문 08~20쪽

### 008  답 ①

$f(-x) = -f(x)$에서 함수 $y = f(x)$의 그래프는 원점에 대하여
대칭이므로 함수 $y = f(x)$의 그래프는 다음 그림과 같다.

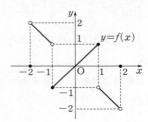

$\therefore \lim\limits_{x \to -1+} f(x) + \lim\limits_{x \to 2-} f(x) = -1 + (-2) = -3$

**다른 풀이**

$f(-x) = -f(x)$이므로

$$\lim\limits_{x \to -1+} f(x) = -\lim\limits_{x \to -1+} f(-x)$$
$$= -\lim\limits_{x \to 1-} f(x) = -1$$

한편, $\lim\limits_{x \to 2-} f(x) = -2$이므로

$$\lim\limits_{x \to -1+} f(x) + \lim\limits_{x \to 2-} f(x) = -1 + (-2) = -3$$

### 009  답 ②

함수 $f(x)$가 모든 실수 $x$에 대하여 $f(x) = f(x+4)$를 만족시키므로

$$\lim\limits_{x \to -12+} f(x) = \lim\limits_{x \to -8+} f(x) = \lim\limits_{x \to -4+} f(x) = \lim\limits_{x \to 0+} f(x) = 3$$
$$\lim\limits_{x \to 10-} f(x) = \lim\limits_{x \to 6-} f(x) = \lim\limits_{x \to 2-} f(x) = -1$$
$$\therefore \lim\limits_{x \to -12+} f(x) + \lim\limits_{x \to 10-} f(x) = 3 + (-1) = 2$$

### 010  답 4

조건 (나)에서 모든 실수 $x$에 대하여 $f(-x) = f(x)$이므로
함수 $y = f(x)$의 그래프는 $y$축에 대하여 대칭이다.

조건 (가)에서

$$f(x) = \begin{cases} -x + 2 & (0 \le x \le 2) \\ 3 & (x > 2) \end{cases}$$

이므로

$$\lim\limits_{x \to -2-} f(x) = \lim\limits_{x \to 2+} f(x)$$
$$= \lim\limits_{x \to 2+} 3 = 3$$
$$\lim\limits_{x \to -1+} f(x) = \lim\limits_{x \to 1-} f(x)$$
$$= \lim\limits_{x \to 1-} (-x + 2)$$
$$= -1 + 2 = 1$$
$$\therefore \lim\limits_{x \to -2-} f(x) + \lim\limits_{x \to -1+} f(x) = 3 + 1 = 4$$

💡 **플러스 특강**

함수 $y = f(x)$의 그래프는 다음 그림과 같다.

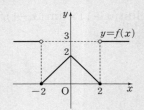

### 011  답 ⑤

함수 $f(x) = |x^2 - 4x| + 2$의 그래프는 다음 그림과 같다.

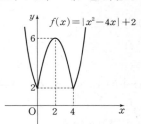

이때 함수 $g(t)$와 함수 $y = g(t)$의 그래프는 다음과 같다.

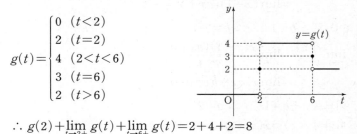

$$g(t) = \begin{cases} 0 & (t < 2) \\ 2 & (t = 2) \\ 4 & (2 < t < 6) \\ 3 & (t = 6) \\ 2 & (t > 6) \end{cases}$$

$\therefore g(2) + \lim\limits_{t \to 2+} g(t) + \lim\limits_{t \to 6+} g(t) = 2 + 4 + 2 = 8$

### 012  답 ④

ㄱ. $\lim\limits_{x \to 1-} f(x) = 0$ (거짓)

ㄴ. $\lim\limits_{x \to 1+} f(-x) = \lim\limits_{t \to -1-} f(t) = 1$ (참)

ㄷ. $\displaystyle\lim_{x\to\infty}f\left(\dfrac{x+1}{x-1}\right)=\lim_{x\to\infty}f\left(1+\dfrac{2}{x-1}\right)$
$\qquad\qquad\qquad\quad=\displaystyle\lim_{t\to1+}f(t)=2$

$\displaystyle\lim_{x\to-\infty}f\left(\dfrac{-x}{x+1}\right)=\lim_{x\to-\infty}f\left(-1+\dfrac{1}{x+1}\right)$
$\qquad\qquad\qquad\quad=\displaystyle\lim_{t\to-1-}f(t)=1$

이므로

$\displaystyle\lim_{x\to\infty}f\left(\dfrac{x+1}{x-1}\right)+\lim_{x\to-\infty}f\left(\dfrac{-x}{x+1}\right)=2+1=3$ (참)

따라서 옳은 것은 ㄴ, ㄷ이다.

## 013 답 ⑤

$3x^4+2tx^3+3tx^2=0$에서

$x^2(3x^2+2tx+3t)=0$

$\therefore x=0$ 또는 $3x^2+2tx+3t=0$

이차방정식

$3x^2+2tx+3t=0$ ...... ㉠

의 판별식을 $D$라 하면

$\dfrac{D}{4}=t^2-9t=t(t-9)$

(i) $\dfrac{D}{4}>0$인 경우

$\dfrac{D}{4}=t(t-9)>0$ $\quad\therefore t<0$ 또는 $t>9$

이때 ㉠에 $x=0$을 대입하면 $3t=0$이므로 $t<0$ 또는 $t>9$를 만족시키지 않는다.

이 경우 이차방정식 ㉠은 $x\ne0$인 서로 다른 두 실근을 갖는다.

즉, 사차방정식 $3x^4+2tx^3+3tx^2=0$의 서로 다른 실근의 개수는 3이다.

(ii) $\dfrac{D}{4}=0$인 경우

$\dfrac{D}{4}=t(t-9)=0$ $\quad\therefore t=0$ 또는 $t=9$

ⓐ $t=0$일 때

㉠에서 $3x^2=0$이므로 $x=0$을 중근으로 갖는다.

ⓑ $t=9$일 때

㉠에서

$3x^2+18x+27=0$

$3(x+3)^2=0$ $\quad\therefore x=-3$

즉, $x=-3$을 중근으로 갖는다.

ⓐ, ⓑ에서 사차방정식 $3x^4+2tx^3+3tx^2=0$의 서로 다른 실근의 개수는 $t=0$일 때 1, $t=9$일 때 2이다.

(iii) $\dfrac{D}{4}<0$인 경우

$\dfrac{D}{4}=t(t-9)<0$ $\quad\therefore 0<t<9$

이 경우 이차방정식 ㉠은 서로 다른 두 허근을 갖는다.

즉, 사차방정식 $3x^4+2tx^3+3tx^2=0$의 서로 다른 실근의 개수는 1이다.

(i), (ii), (iii)에서 함수 $f(t)$와 함수 $y=f(t)$의 그래프는 다음과 같다.

$f(t)=\begin{cases}3 & (t<0,\ t>9)\\2 & (t=9)\\1 & (0\le t<9)\end{cases}$

$\dfrac{\displaystyle\lim_{t\to9-}f(t-9)}{\displaystyle\lim_{t\to9+}f(t-9)}$에서 $t-9=s$라 하면 $t\to9-$일 때 $s\to0-$,

$t\to9+$일 때 $s\to0+$이므로

$\dfrac{\displaystyle\lim_{t\to9-}f(t-9)}{\displaystyle\lim_{t\to9+}f(t-9)}=\dfrac{\displaystyle\lim_{s\to0-}f(s)}{\displaystyle\lim_{s\to0+}f(s)}$

$\qquad\qquad\qquad=\dfrac{3}{1}$

$\qquad\qquad\qquad=3$

## 014 답 1

최고차항의 계수가 1인 삼차함수 $f(x)$가

$f(-2)=f(-1)=f(2)=6$

을 만족시키므로 삼차방정식 $f(x)-6=0$의 세 근은 $-2$, $-1$, 2이다. 즉,

$f(x)-6=(x+2)(x+1)(x-2)$

$\therefore f(x)=x^3+x^2-4x+2$

$\therefore \displaystyle\lim_{x\to1}\dfrac{f(x)}{x-1}=\lim_{x\to1}\dfrac{x^3+x^2-4x+2}{x-1}$

$\qquad\qquad\quad=\displaystyle\lim_{x\to1}\dfrac{(x-1)(x^2+2x-2)}{x-1}$

$\qquad\qquad\quad=\displaystyle\lim_{x\to1}(x^2+2x-2)$

$\qquad\qquad\quad=1+2-2$

$\qquad\qquad\quad=1$

## 015 답 ④

$f(x)=\dfrac{bx+c}{x-a}=\dfrac{c+ab}{x-a}+b$에서 함수 $y=f(x)$의 그래프의 두 점근선의 방정식은 $x=a$, $y=b$이다.

이때 두 점근선의 교점의 좌표가 $(1,\ 2)$이므로

$a=1$, $b=2$

함수 $y=f(x)$의 그래프가 점 $(0,\ -2)$를 지나므로

$-2=\dfrac{c}{-1}$ $\quad\therefore c=2$

따라서 $f(x)=\dfrac{2x+2}{x-1}$이므로

$\displaystyle\lim_{x\to-1}\dfrac{x^2-2x-3}{f(x)}=\lim_{x\to-1}\dfrac{(x+1)(x-3)(x-1)}{2(x+1)}$

$\qquad\qquad\qquad=\displaystyle\lim_{x\to-1}\dfrac{(x-3)(x-1)}{2}$

$\qquad\qquad\qquad=\dfrac{-4\times(-2)}{2}$

$\qquad\qquad\qquad=4$

## 016　답 ②

$y=\dfrac{1}{2}x^2-\dfrac{1}{2}$ $(x\geq 0)$에서 $x$와 $y$를 서로 바꾸면

$x=\dfrac{1}{2}y^2-\dfrac{1}{2}$, $y^2=2x+1$

이때 $y\geq 0$이므로

$y=\sqrt{2x+1}$

즉, 함수 $f(x)$의 역함수 $g(x)$는

$g(x)=\sqrt{2x+1}$

$\therefore \lim\limits_{x\to\infty}\dfrac{f(x)\{g(8x^2+1)-g(8x^2-1)\}}{x}$

$=\lim\limits_{x\to\infty}\dfrac{(x^2-1)(\sqrt{16x^2+3}-\sqrt{16x^2-1})}{2x}$

$=\lim\limits_{x\to\infty}\dfrac{(x^2-1)(\sqrt{16x^2+3}-\sqrt{16x^2-1})(\sqrt{16x^2+3}+\sqrt{16x^2-1})}{2x(\sqrt{16x^2+3}+\sqrt{16x^2-1})}$

$=\lim\limits_{x\to\infty}\dfrac{2(x^2-1)}{x(\sqrt{16x^2+3}+\sqrt{16x^2-1})}$

$=\lim\limits_{x\to\infty}\dfrac{2\left(1-\dfrac{1}{x^2}\right)}{\sqrt{16+\dfrac{3}{x^2}}+\sqrt{16-\dfrac{1}{x^2}}}$

$=\dfrac{2\times(1-0)}{\sqrt{16+0}+\sqrt{16-0}}=\dfrac{1}{4}$

## 017　답 ②

$h(x)=2f(x)-3g(x)$라 하면

$f(x)=\dfrac{3g(x)+h(x)}{2}$

이때 $\lim\limits_{x\to\infty}g(x)=\infty$, $\lim\limits_{x\to\infty}h(x)=1$이므로

$\lim\limits_{x\to\infty}\dfrac{h(x)}{g(x)}=0$

$\therefore \lim\limits_{x\to\infty}\dfrac{4f(x)+g(x)}{3f(x)-g(x)}=\lim\limits_{x\to\infty}\dfrac{4\times\dfrac{3g(x)+h(x)}{2}+g(x)}{3\times\dfrac{3g(x)+h(x)}{2}-g(x)}$

$=\lim\limits_{x\to\infty}\dfrac{7g(x)+2h(x)}{\dfrac{7}{2}g(x)+\dfrac{3}{2}h(x)}$

$=\lim\limits_{x\to\infty}\dfrac{14g(x)+4h(x)}{7g(x)+3h(x)}$

$=\lim\limits_{x\to\infty}\dfrac{14+4\times\dfrac{h(x)}{g(x)}}{7+3\times\dfrac{h(x)}{g(x)}}$

$=\dfrac{14+0}{7+0}=2$

**다른 풀이**

$\lim\limits_{x\to\infty}\{2f(x)-3g(x)\}=1$의 양변을 $\lim\limits_{x\to\infty}g(x)$로 나누면

$\lim\limits_{x\to\infty}\left\{\dfrac{2f(x)}{g(x)}-3\right\}=0$　$\therefore \lim\limits_{x\to\infty}\dfrac{f(x)}{g(x)}=\dfrac{3}{2}$

$\therefore \lim\limits_{x\to\infty}\dfrac{4f(x)+g(x)}{3f(x)-g(x)}=\lim\limits_{x\to\infty}\dfrac{4\times\dfrac{f(x)}{g(x)}+1}{3\times\dfrac{f(x)}{g(x)}-1}=\dfrac{4\times\dfrac{3}{2}+1}{3\times\dfrac{3}{2}-1}=2$

## 018　답 ④

ㄱ. 조건 (나)에서 $x\neq 0$, $g(x)\neq -4$일 때

$\dfrac{f(x)}{x}=\dfrac{g(x)-4}{g(x)+4}$이므로

$\lim\limits_{x\to 0}\dfrac{f(x)}{x}=\lim\limits_{x\to 0}\dfrac{g(x)-4}{g(x)+4}$

$=\dfrac{1-4}{1+4}=-\dfrac{3}{5}$ ($\because$ 조건 (가)) (거짓)

ㄴ. $\lim\limits_{x\to 0}f(x)=\lim\limits_{x\to 0}\left\{x\times\dfrac{f(x)}{x}\right\}$

$=\lim\limits_{x\to 0}x\times\lim\limits_{x\to 0}\dfrac{f(x)}{x}$

$=0\times\left(-\dfrac{3}{5}\right)=0$ ($\because$ ㄱ) (참)

ㄷ. $\lim\limits_{x\to 0}\dfrac{x+f(x)}{x^2-f(x)g(x)}=\lim\limits_{x\to 0}\dfrac{1+\dfrac{f(x)}{x}}{x-\dfrac{f(x)}{x}\times g(x)}$

$=\dfrac{1+\left(-\dfrac{3}{5}\right)}{0-\left(-\dfrac{3}{5}\right)\times 1}=\dfrac{2}{3}$

($\because$ ㄱ, 조건 (가)) (참)

따라서 옳은 것은 ㄴ, ㄷ이다.

## 019　답 ③

조건 (가)에서 $\lim\limits_{x\to\infty}\dfrac{f(x)}{x^3+1}=2$이므로 다항함수 $f(x)$는 최고차항의 계수가 2인 삼차함수이다.

다항함수 $g(x)$의 최고차항의 차수를 $n$ ($n$은 음이 아닌 정수), $g(x)$의 최고차항의 계수를 $a$ ($a\neq 0$)이라 하자.

(i) $0\leq n\leq 2$일 때

$\lim\limits_{x\to\infty}\dfrac{g(x)}{f(x)}=0$

조건 (나)에서

$\lim\limits_{x\to\infty}\dfrac{2f(x)-4g(x)}{f(x)+g(x)}=\lim\limits_{x\to\infty}\dfrac{2-4\times\dfrac{g(x)}{f(x)}}{1+\dfrac{g(x)}{f(x)}}$

$=\dfrac{2-0}{1+0}=2$

즉, 조건 (나)를 만족시키지 않는다.

(ii) $n=3$일 때

$\lim\limits_{x\to\infty}\dfrac{g(x)}{f(x)}=\dfrac{a}{2}$

조건 (나)에서

$\lim\limits_{x\to\infty}\dfrac{2f(x)-4g(x)}{f(x)+g(x)}=\lim\limits_{x\to\infty}\dfrac{2-4\times\dfrac{g(x)}{f(x)}}{1+\dfrac{g(x)}{f(x)}}$

$=\dfrac{2-4\times\dfrac{a}{2}}{1+\dfrac{a}{2}}=\dfrac{4-4a}{2+a}=8$

$\therefore a=-1$

(iii) $n \geq 4$일 때

$$\lim_{x \to \infty} \frac{f(x)}{g(x)} = 0$$

조건 (나)에서

$$\lim_{x \to \infty} \frac{2f(x) - 4g(x)}{f(x) + g(x)} = \lim_{x \to \infty} \frac{2 \times \frac{f(x)}{g(x)} - 4}{\frac{f(x)}{g(x)} + 1}$$

$$= \frac{0 - 4}{0 + 1}$$

$$= -4$$

즉, 조건 (나)를 만족시키지 않는다.

(i), (ii), (iii)에서 함수 $g(x)$는 최고차항의 계수가 $-1$인 삼차함수이므로

$$\lim_{x \to \infty} \frac{g(x)}{f(x)} = -\frac{1}{2}$$

$$\therefore \lim_{x \to \infty} \frac{3x^2 - 6f(x)}{5x^2 + 4g(x)} = \lim_{x \to \infty} \frac{\frac{3x^2}{f(x)} - 6}{\frac{5x^2}{f(x)} + 4 \times \frac{g(x)}{f(x)}}$$

$$= \frac{0 - 6}{0 + 4 \times \left(-\frac{1}{2}\right)}$$

$$= 3$$

## 020  답 ②

ㄱ. $\lim_{x \to 0+} f(x) = \lim_{x \to 0+} (3x^2 + 1) = 1$ (거짓)

ㄴ. $\lim_{x \to 0+} |f(x)| = \lim_{x \to 0+} |3x^2 + 1| = 1$,

   $\lim_{x \to 0-} |f(x)| = \lim_{x \to 0-} |-x^3 - 1| = 1$이므로

   $\lim_{x \to 0} |f(x)| = 1$ (참)

ㄷ. $x + 1 = t$라 하면 $x \to 0$일 때 $t \to 1$이므로

   $\lim_{x \to 0} f(x+1) = \lim_{t \to 1} f(t) = \lim_{t \to 1} (3t^2 + 1) = 4$

   $x - 1 = s$라 하면 $x \to 0$일 때 $s \to -1$이므로

   $\lim_{x \to 0} f(x-1) = \lim_{s \to -1} f(s) = \lim_{s \to -1} (-s^3 - 1) = 0$

   $\therefore \lim_{x \to 0} f(x+1)f(x-1) = \lim_{x \to 0} f(x+1) \times \lim_{x \to 0} f(x-1)$

   $\qquad\qquad\qquad\qquad\qquad = 4 \times 0 = 0$ (거짓)

따라서 옳은 것은 ㄴ이다.

## 021  답 ①

두 조건 (가), (나)에서

$f(x) + g(x) = a(x+1)^2$ ...... ㉠

$f(x) - g(x) = b(x-5)^2$ ...... ㉡

$\frac{1}{2} \times$ (㉠+㉡)을 하면

$$f(x) = \frac{a(x+1)^2 + b(x-5)^2}{2}$$

그런데 $\lim_{x \to \infty} \frac{f(x)}{(x+1)(x-5)} = 1$이므로 다항함수 $f(x)$는 최고차항의 계수가 1인 이차함수이다.

즉, $\frac{a+b}{2} = 1$에서 $a + b = 2$

이때 $ab = 1$에 $a + b = 2$, 즉 $b = 2 - a$를 대입하면

$a(2-a) = 1$, $a^2 - 2a + 1 = 0$

$(a-1)^2 = 0$

$\therefore a = 1$, $b = 1$

따라서

$$f(x) = \frac{(x+1)^2 + (x-5)^2}{2}$$

$$= \frac{2x^2 - 8x + 26}{2}$$

$$= x^2 - 4x + 13$$

$$g(x) = (x+1)^2 - f(x) \quad (\because ㉠)$$

$$= x^2 + 2x + 1 - (x^2 - 4x + 13)$$

$$= 6x - 12$$

이므로

$$\lim_{x \to 0} \frac{\{f(x) - 13\}\{g(x) + 3\}}{x} = \lim_{x \to 0} \frac{(x^2 - 4x)(6x - 9)}{x}$$

$$= \lim_{x \to 0} (x-4)(6x-9)$$

$$= -4 \times (-9)$$

$$= 36$$

## 022  답 ④

$\lim_{x \to 0} \frac{f(x)}{x} = 2$에서 $x \to 0$일 때, 극한값이 존재하고 (분모) $\to 0$이므로 (분자) $\to 0$이어야 한다.

$\therefore \lim_{x \to 0} f(x) = f(0) = 0$

또한, $\lim_{x \to 1} \frac{f(x)}{x-1} = 2$에서 $x \to 1$일 때, 극한값이 존재하고 (분모) $\to 0$이므로 (분자) $\to 0$이어야 한다.

$\therefore \lim_{x \to 1} f(x) = f(1) = 0$

ㄱ. $f(f(1)) = f(0) = 0$ (참)

ㄴ. $\lim_{x \to 1} \frac{\{f(x)\}^2}{x^2 - 1} = \lim_{x \to 1} \left\{ \frac{f(x)}{x-1} \times \frac{f(x)}{x+1} \right\}$

   $= \lim_{x \to 1} \frac{f(x)}{x-1} \times \lim_{x \to 1} \frac{f(x)}{x+1}$

   $= 2 \times \frac{0}{2}$

   $= 0$ (거짓)

ㄷ. $x - 1 = t$라 하면 $x \to 1$일 때, $t \to 0$이므로

   $\lim_{x \to 1} \frac{f(x-1)}{x^2 - 1} = \lim_{x \to 1} \left\{ \frac{f(x-1)}{x-1} \times \frac{1}{x+1} \right\}$

   $= \lim_{t \to 0} \left\{ \frac{f(t)}{t} \times \frac{1}{t+2} \right\}$

   $= \lim_{t \to 0} \frac{f(t)}{t} \times \lim_{t \to 0} \frac{1}{t+2}$

   $= 2 \times \frac{1}{2}$

   $= 1$ (참)

따라서 옳은 것은 ㄱ, ㄷ이다.

## 023 답 ③

$h(x)=f(x)g(x)$라 하면 $h(x)$는 상수항과 계수가 모두 정수인 다항함수이다.

조건 (가)에서 $\lim\limits_{x\to\infty}\dfrac{f(x)g(x)}{x^3}=\lim\limits_{x\to\infty}\dfrac{h(x)}{x^3}=2$이므로 다항함수 $h(x)$는 최고차항의 계수가 2인 삼차함수이다. ...... ㉠

조건 (나)의 $\lim\limits_{x\to 0}\dfrac{f(x)g(x)}{x^2}=\lim\limits_{x\to 0}\dfrac{h(x)}{x^2}=-4$에서 $x\to 0$일 때, 극한값이 존재하고 (분모) $\to 0$이므로 (분자) $\to 0$이어야 한다.

즉, 다항함수 $h(x)$는 $x^2$을 인수로 갖는다. ...... ㉡

㉠, ㉡에서

$h(x)=2x^2(x+a)$ ($a$는 상수)

라 할 수 있다.

$\lim\limits_{x\to 0}\dfrac{h(x)}{x^2}=\lim\limits_{x\to 0}\dfrac{2x^2(x+a)}{x^2}=\lim\limits_{x\to 0}2(x+a)=2a$

이므로 $2a=-4$에서 $a=-2$

$\therefore h(x)=f(x)g(x)=2x^2(x-2)$

이때 상수항과 계수가 모두 정수인 함수 $f(x)$가 $x-2$를 인수로 가지면 $f(2)=0$이다.

함수 $f(x)$가 $x-2$를 인수로 갖지 않는 경우는 1, 2, $x$, $2x$, $x^2$, $2x^2$이고, 이 중에서 $f(2)$의 값이 최대인 경우는 $f(x)=2x^2$일 때이므로 $f(2)$의 최댓값은 8이다.

## 024 답 ②

조건 (가)에서 $\lim\limits_{x\to\infty}\dfrac{f(x)-x^3}{x^2+1}=-4$이므로 다항함수 $f(x)-x^3$은 최고차항의 계수가 $-4$인 이차함수이다.

즉, $f(x)-x^3=-4x^2+ax+b$ ($a$, $b$는 상수)라 할 수 있다.

$\therefore f(x)=x^3-4x^2+ax+b$

조건 (나)의 $\lim\limits_{x\to 0}\dfrac{f(x)}{x}=2$에서 $x\to 0$일 때, 극한값이 존재하고 (분모) $\to 0$이므로 (분자) $\to 0$이어야 한다.

즉, $\lim\limits_{x\to 0}f(x)=f(0)=0$에서 $b=0$

이때

$\lim\limits_{x\to 0}\dfrac{f(x)}{x}=\lim\limits_{x\to 0}\dfrac{x^3-4x^2+ax}{x}=\lim\limits_{x\to 0}(x^2-4x+a)=a$

이므로 $a=2$

따라서 $f(x)=x^3-4x^2+2x$이므로

$f(1)=1-4+2=-1$

## 025 답 8

$\lim\limits_{x\to\infty}\dfrac{f(x)}{x^2+1}=2$이므로 이차함수 $f(x)$의 최고차항의 계수는 2이다.

이때 $\overline{AB}=4$이므로

$f(x)=2(x-k)(x-k-4)$ ($k$는 상수)

라 할 수 있다.

$\lim\limits_{x\to 0}\dfrac{f(x)}{x}=a$에서 $x\to 0$일 때, 극한값이 존재하고 (분모) $\to 0$

이므로 (분자) $\to 0$이어야 한다.

즉, $\lim\limits_{x\to 0}f(x)=f(0)=0$에서

$2\times(-k)\times(-k-4)=0$     $\therefore k=0$ 또는 $k=-4$

(i) $k=0$일 때

$\lim\limits_{x\to 0}\dfrac{f(x)}{x}=\lim\limits_{x\to 0}\dfrac{2x(x-4)}{x}=\lim\limits_{x\to 0}2(x-4)=-8$

이므로 $a=-8$

그런데 $a>0$이라는 조건을 만족시키지 않는다.

(ii) $k=-4$일 때

$\lim\limits_{x\to 0}\dfrac{f(x)}{x}=\lim\limits_{x\to 0}\dfrac{2x(x+4)}{x}=\lim\limits_{x\to 0}2(x+4)=8$

이므로 $a=8$

(i), (ii)에서 $a=8$

## 026 답 ③

$\lim\limits_{x\to\infty}\dfrac{f(x)}{x^3}=0$이므로 다항함수 $f(x)$는 이차 이하의 함수이어야 한다.

$f(x)=ax^2+bx+c$ ($a$, $b$, $c$는 상수)라 하자.

$\lim\limits_{x\to 0}\dfrac{f(x)}{x}=5$에서 $x\to 0$일 때, 극한값이 존재하고 (분모) $\to 0$

이므로 (분자) $\to 0$이어야 한다.

즉, $\lim\limits_{x\to 0}f(x)=f(0)=0$이므로 $c=0$

$\lim\limits_{x\to 0}\dfrac{f(x)}{x}=\lim\limits_{x\to 0}\dfrac{ax^2+bx}{x}=\lim\limits_{x\to 0}(ax+b)=b=5$

$\therefore f(x)=ax^2+5x$

방정식 $f(x)=0$, 즉 $ax^2+5x=0$에서

(i) $a=0$일 때

$5x=0$     $\therefore x=0$

방정식 $f(x)=0$의 모든 근의 합은 0이므로 주어진 조건을 만족시키지 않는다.

(ii) $a\neq 0$일 때

방정식 $ax^2+5x=0$의 모든 근의 합이 5이므로 이차방정식의 근과 계수의 관계에 의하여

$-\dfrac{5}{a}=5$     $\therefore a=-1$

(i), (ii)에서 $f(x)=-x^2+5x$이므로

$f(2)=-4+10=6$

## 027 답 3

조건 (가)에서 $\dfrac{1}{x}=t$라 하면 $x\to 0+$일 때, $t\to\infty$이므로

$\lim\limits_{x\to 0+}\dfrac{(x^3-x^2)f\left(\dfrac{1}{x}\right)+1}{2x^2+3x}=\lim\limits_{t\to\infty}\dfrac{\left(\dfrac{1}{t^3}-\dfrac{1}{t^2}\right)f(t)+1}{\dfrac{2}{t^2}+\dfrac{3}{t}}$

$=\lim\limits_{t\to\infty}\dfrac{(1-t)f(t)+t^3}{2t+3t^2}=\dfrac{2}{3}$

이때 $(1-t)f(t)+t^3$은 이차함수이어야 하므로

$f(t)=t^2+at+b$ ($a$, $b$는 상수)라 하자.

$$\lim_{t \to \infty} \frac{(1-t)f(t)+t^3}{2t+3t^2} = \lim_{t \to \infty} \frac{(1-t)(t^2+at+b)+t^3}{2t+3t^2}$$

$$= \lim_{t \to \infty} \frac{(1-a)t^2+(a-b)t+b}{3t^2+2t}$$

$$= \lim_{t \to \infty} \frac{(1-a)+\dfrac{a-b}{t}+\dfrac{b}{t^2}}{3+\dfrac{2}{t}} = \frac{1-a}{3}$$

이므로 $\dfrac{1-a}{3}=\dfrac{2}{3}$ $\quad\therefore a=-1$

조건 (나)에서 $x \to 0$일 때, 극한값이 존재하고 (분모) $\to 0$이므로 (분자) $\to 0$이어야 한다.

즉, $\lim_{x \to 0} \{f(x)-1\}=f(0)-1=0$에서 $f(0)=1$이므로

$f(0)=b=1$

이때 $f(x)=x^2-x+1$이므로

$$\lim_{x \to 0} \frac{f(x)-1}{x} = \lim_{x \to 0} \frac{x^2-x}{x} = \lim_{x \to 0}(x-1)=-1$$

따라서 $k=-1$이므로

$f(k)=f(-1)=1+1+1=3$

## 028  답 ⑤

조건 (가)에서 $a=0$인 경우 $x \to 0$일 때, 극한값이 존재하고 (분모) $\to 0$이므로 (분자) $\to 0$이어야 한다.

즉, $\lim_{x \to 0} f(x)=f(0)=0$ ...... ㉠

또한, $a=2$인 경우 $x \to 2$일 때, 극한값이 존재하고 (분모) $\to 0$이므로 (분자) $\to 0$이어야 한다.

즉, $\lim_{x \to 2} f(x)=f(2)=0$ ...... ㉡

㉠, ㉡에서 $f(x)=x(x-2)(x-k)$ ($k$는 상수)라 할 수 있다.

조건 (나)에서

$$\lim_{x \to \infty} \frac{f(x)+f(-x)}{x^2} = \lim_{x \to \infty} \frac{x(x-2)(x-k)-x(x+2)(x+k)}{x^2}$$

$$= \lim_{x \to \infty} \{-2(2+k)\}$$

$$= -2(2+k)=6$$

$\therefore k=-5$

따라서 $f(x)=x(x-2)(x+5)$이므로

$f(3)=3 \times 1 \times 8=24$

## 029  답 ④

직선 $l$의 기울기가 1이고 $y$절편이 $g(t)$이므로 직선 $l$의 방정식은

$y=x+g(t)$이다.

곡선 $y=x^2$과 직선 $l$이 만나는 서로 다른 두 점 A, B의 $x$좌표를 각각 $\alpha$, $\beta$라 하면 $\alpha$, $\beta$는 이차방정식 $x^2=x+g(t)$, 즉

$x^2-x-g(t)=0$의 서로 다른 두 근이므로 근과 계수의 관계에 의하여

$\alpha+\beta=1$, $\alpha\beta=-g(t)$ ...... ㉠

한편, A$(\alpha, \alpha+g(t))$, B$(\beta, \beta+g(t))$이므로

$\overline{\text{AB}}^2=(\beta-\alpha)^2+\{\{\beta+g(t)\}-\{\alpha+g(t)\}\}^2=2(\alpha-\beta)^2$

이때

$(\alpha-\beta)^2=(\alpha+\beta)^2-4\alpha\beta$

$\qquad =1^2-4\times\{-g(t)\}=1+4g(t)$ ($\because$ ㉠)

이므로 $\overline{\text{AB}}^2=2(\alpha-\beta)^2=2+8g(t)$이고,

선분 AB의 길이가 $2t$이므로

$4t^2=2+8g(t)$ $\qquad \therefore g(t)=\dfrac{2t^2-1}{4}$

$$\therefore \lim_{t \to \infty} \frac{g(t)}{t^2} = \lim_{t \to \infty} \frac{2t^2-1}{4t^2} = \lim_{t \to \infty} \frac{2-\dfrac{1}{t^2}}{4}$$

$$= \frac{2-0}{4} = \frac{1}{2}$$

## 030  답 ①

함수 $y=\sqrt{-x+t}$의 그래프와 $x$축이 만나는 점 A의 좌표는

A$(t, 0)$이고, 두 함수 $y=\sqrt{-x+t}$, $y=\sqrt{3x}$의 그래프가 만나는 점 B의 $x$좌표는

$\sqrt{-x+t}=\sqrt{3x}$에서 $-x+t=3x$, $x=\dfrac{t}{4}$

따라서 점 B의 좌표는 B$\left(\dfrac{t}{4}, \dfrac{\sqrt{3t}}{2}\right)$이므로 직선 AB의 방정식은

$$y=\frac{\dfrac{\sqrt{3t}}{2}-0}{\dfrac{t}{4}-t}(x-t) \qquad \therefore y=-\frac{2\sqrt{3t}}{3t}x+\frac{2\sqrt{3t}}{3}$$

이때 직선 AB의 $y$절편은 $\dfrac{2\sqrt{3t}}{3}$이므로 점 C의 좌표는

C$\left(0, \dfrac{2\sqrt{3t}}{3}\right)$이다.

$$f(t)=\overline{\text{AB}}=\sqrt{\left(\dfrac{t}{4}-t\right)^2+\left(\dfrac{\sqrt{3t}}{2}-0\right)^2}$$

$$= \sqrt{\frac{9}{16}t^2+\frac{3}{4}t}$$

$$g(t)=\overline{\text{BC}}=\sqrt{\left(\dfrac{t}{4}-0\right)^2+\left(\dfrac{\sqrt{3t}}{2}-\dfrac{2\sqrt{3t}}{3}\right)^2}$$

$$= \sqrt{\frac{1}{16}t^2+\frac{1}{12}t}$$

$$\therefore \lim_{t \to 0+} \frac{f(t)}{g(t)} = \lim_{t \to 0+} \frac{\sqrt{\dfrac{9}{16}t^2+\dfrac{3}{4}t}}{\sqrt{\dfrac{1}{16}t^2+\dfrac{1}{12}t}}$$

$$= \lim_{t \to 0+} \frac{\sqrt{\dfrac{9}{16}t+\dfrac{3}{4}}}{\sqrt{\dfrac{1}{16}t+\dfrac{1}{12}}}$$

$$= \frac{\sqrt{0+\dfrac{3}{4}}}{\sqrt{0+\dfrac{1}{12}}} = 3$$

## 031  답 2

직선 OP의 기울기는 $\dfrac{a^2}{a}=a$이고, 직선 $l$의 기울기를 $m$이라 하면

직선 OP와 직선 $l$이 서로 수직이므로

$a \times m = -1$     $\therefore m = -\dfrac{1}{a}$

즉, 직선 $l$의 방정식은

$y - a^2 = -\dfrac{1}{a}(x-a)$     $\therefore y = -\dfrac{1}{a}x + a^2 + 1$

한편, 직선 $l$과 곡선 $y = x^2$이 만나는 점의 $x$좌표는

$-\dfrac{1}{a}x + a^2 + 1 = x^2$에서

$ax^2 + x - a(a^2 + 1) = 0$

$(ax + a^2 + 1)(x - a) = 0$

$\therefore x = -\dfrac{a^2+1}{a}$ 또는 $x = a$

즉, 점 Q의 $x$좌표는 $-\dfrac{a^2+1}{a}$이므로 점 T의 좌표는

$\mathrm{T}\left(-\dfrac{a^2+1}{a},\ 0\right)$

또한, 두 점 S, R의 좌표는 각각 $\mathrm{S}(a, 0)$, $\mathrm{R}(a^3 + a, 0)$이므로

$\overline{\mathrm{ST}} = a - \left(-\dfrac{a^2+1}{a}\right) = \dfrac{2a^2+1}{a}$

$\overline{\mathrm{RS}} = (a^3 + a) - a = a^3$

$\therefore \lim_{a \to \infty} \dfrac{\overline{\mathrm{ST}} \times \overline{\mathrm{RS}}}{a^4} = \lim_{a \to \infty} \dfrac{\dfrac{2a^2+1}{a} \times a^3}{a^4} = \lim_{a \to \infty} \dfrac{2a^2+1}{a^2}$

$\qquad\qquad\qquad\qquad = \lim_{a \to \infty} \dfrac{2 + \dfrac{1}{a^2}}{1} = \dfrac{2+0}{1} = 2$

## 032   답 ①

두 원 $x^2 + y^2 = r^2$ $(0 < r < 2)$, $(x-2)^2 + y^2 = 4$가 만나는 점의 $x$좌표는

$r^2 - x^2 = 4 - (x-2)^2$에서 $x = \dfrac{r^2}{4}$

$x = \dfrac{r^2}{4}$을 $x^2 + y^2 = r^2$에 대입하면

$\dfrac{r^4}{16} + y^2 = r^2,\ y^2 = \dfrac{r^2(16-r^2)}{16}$

$\therefore y = \dfrac{r\sqrt{16-r^2}}{4}$ $(\because y > 0)$

따라서 점 P의 좌표는 $\mathrm{P}\left(\dfrac{r^2}{4},\ \dfrac{r\sqrt{16-r^2}}{4}\right)$이다.

점 P에서 $x$축에 내린 수선의
발을 S라 하면 $\mathrm{S}\left(\dfrac{r^2}{4}, 0\right)$이고,
두 삼각형 QRO, QPS가 서로
닮음 (AA 닮음)이므로

$\overline{\mathrm{QO}} : \overline{\mathrm{RO}} = \overline{\mathrm{QS}} : \overline{\mathrm{PS}}$

$4 : l(r) = \left(4 - \dfrac{r^2}{4}\right) : \dfrac{r\sqrt{16-r^2}}{4}$

$\left(4 - \dfrac{r^2}{4}\right)l(r) = r\sqrt{16-r^2}$

$\therefore l(r) = \dfrac{r\sqrt{16-r^2}}{4 - \dfrac{r^2}{4}} = \dfrac{4r\sqrt{16-r^2}}{16-r^2} = \dfrac{4r}{\sqrt{16-r^2}}$

$\therefore \lim_{r \to 0+} \dfrac{l(r) - r}{r^3} = \lim_{r \to 0+} \dfrac{\dfrac{4r}{\sqrt{16-r^2}} - r}{r^3}$

$\qquad\qquad\qquad = \lim_{r \to 0+} \dfrac{4r - r\sqrt{16-r^2}}{r^3\sqrt{16-r^2}}$

$\qquad\qquad\qquad = \lim_{r \to 0+} \dfrac{4 - \sqrt{16-r^2}}{r^2\sqrt{16-r^2}}$

$\qquad\qquad\qquad = \lim_{r \to 0+} \dfrac{r^2}{r^2\sqrt{16-r^2}(4 + \sqrt{16-r^2})}$

$\qquad\qquad\qquad = \lim_{r \to 0+} \dfrac{1}{\sqrt{16-r^2}(4 + \sqrt{16-r^2})}$

$\qquad\qquad\qquad = \dfrac{1}{4 \times (4+4)} = \dfrac{1}{32}$

## 033   답 ③

점 P가 제1사분면에서 $x$축과 $y$축에 동시에 접하는 원 $C$의 중심이므로 $\mathrm{P}(x_1, x_1)$ $(x_1 > 0)$이라 할 수 있다.

이때 점 P가 직선 $y = tx - 3$ 위에 있으므로

$x_1 = tx_1 - 3,\ (t-1)x_1 = 3$

$\therefore x_1 = \dfrac{3}{t-1}$

즉, 점 P의 좌표는 $\left(\dfrac{3}{t-1}, \dfrac{3}{t-1}\right)$이고 원 $C$의 반지름의 길이도

$\dfrac{3}{t-1}$이다.

선분 QR는 원 $C$의 지름이므로

$\overline{\mathrm{QR}} = \dfrac{6}{t-1}$

한편, 원점에서 직선 $y = tx - 3$, 즉 $tx - y - 3 = 0$까지의 거리를 $d$라 하면

$d = \dfrac{|-3|}{\sqrt{t^2+1}} = \dfrac{3}{\sqrt{t^2+1}}$

따라서 삼각형 ROQ의 넓이 $S(t)$는

$S(t) = \dfrac{1}{2} \times \overline{\mathrm{QR}} \times d$

$\qquad = \dfrac{1}{2} \times \dfrac{6}{t-1} \times \dfrac{3}{\sqrt{t^2+1}}$

$\qquad = \dfrac{9}{(t-1)\sqrt{t^2+1}}$

$\therefore \lim_{t \to 0+} t^2 S(t) = \lim_{t \to 0+} \dfrac{9t^2}{(t-1)\sqrt{t^2+1}}$

$\qquad\qquad\qquad = \lim_{t \to 0+} \dfrac{9}{\left(1 - \dfrac{1}{t}\right)\sqrt{1 + \dfrac{1}{t^2}}}$

$\qquad\qquad\qquad = \dfrac{9}{(1-0) \times \sqrt{1+0}} = 9$

## 034   답 ②

사각형 ACDB에서

$\overline{\mathrm{AC}} = \dfrac{\sqrt{t}}{t},\ \overline{\mathrm{BD}} = \dfrac{1}{t},\ \overline{\mathrm{CD}} = t - \sqrt{t}$ $(\because t > 1)$

$$\therefore S(t) = \frac{1}{2} \times (\overline{AC} + \overline{BD}) \times \overline{CD}$$
$$= \frac{1}{2}\left(\frac{\sqrt{t}}{t} + \frac{1}{t}\right)(t - \sqrt{t})$$
$$= \frac{1}{2} \times \frac{\sqrt{t} + 1}{t} \times (t - \sqrt{t})$$
$$= \frac{\sqrt{t}(t-1)}{2t}$$

또한, 사각형 AEFB에서
$$\overline{AE} = \sqrt{t}, \ \overline{BF} = t, \ \overline{EF} = \frac{\sqrt{t}}{t} - \frac{1}{t} \ (\because t > 1)$$
$$\therefore T(t) = \frac{1}{2} \times (\overline{AE} + \overline{BF}) \times \overline{EF}$$
$$= \frac{1}{2}(\sqrt{t} + t)\left(\frac{\sqrt{t}}{t} - \frac{1}{t}\right)$$
$$= \frac{1}{2}(\sqrt{t} + t) \times \frac{\sqrt{t} - 1}{t}$$
$$= \frac{\sqrt{t}(t-1)}{2t}$$

한편, 점 B에서 직선 $y = x$, 즉 $x - y = 0$까지의 거리는
$$l(t) = \frac{\left|t - \frac{1}{t}\right|}{\sqrt{1+1}} = \frac{\sqrt{2}}{2}\left(t - \frac{1}{t}\right)\left(\because \frac{1}{t} < 1 < t\right)$$
$$= \frac{\sqrt{2}(t^2 - 1)}{2t}$$

$$\therefore \lim_{t \to \infty} \frac{l(t)}{S(t) \times T(t)} = \lim_{t \to \infty} \frac{\frac{\sqrt{2}(t^2-1)}{2t}}{\frac{\sqrt{t}(t-1)}{2t} \times \frac{\sqrt{t}(t-1)}{2t}}$$
$$= \lim_{t \to \infty} \frac{\frac{\sqrt{2}(t^2-1)}{2t}}{\frac{(t-1)^2}{4t}}$$
$$= \lim_{t \to \infty} \frac{2\sqrt{2}\, t(t^2-1)}{t(t-1)^2}$$
$$= \lim_{t \to \infty} \frac{2\sqrt{2}(t^3 - t)}{t^3 - 2t^2 + t}$$
$$= \lim_{t \to \infty} \frac{2\sqrt{2}\left(1 - \frac{1}{t^2}\right)}{1 - \frac{2}{t} + \frac{1}{t^2}}$$
$$= \frac{2\sqrt{2} \times (1-0)}{1-0+0} = 2\sqrt{2}$$

**035**  답 6

함수 $f(x)$가 실수 전체의 집합에서 연속이므로 $x = 1$에서도 연속이다.

즉, $\lim\limits_{x \to 1+} f(x) = \lim\limits_{x \to 1-} f(x) = f(1)$이어야 하므로
$$\lim_{x \to 1+} f(x) = \lim_{x \to 1+} \frac{x+b}{\sqrt{x+3}-2}$$
$$= \lim_{x \to 1+} \frac{(x+b)(\sqrt{x+3}+2)}{x-1}$$
$$\lim_{x \to 1-} f(x) = \lim_{x \to 1-} (-3x + a) = -3 + a$$
$$f(1) = -3 + a$$
에서

$$\lim_{x \to 1+} \frac{(x+b)(\sqrt{x+3}+2)}{x-1} = -3 + a \quad \cdots\cdots ㉠$$

㉠에서 $x \to 1+$일 때, 극한값이 존재하고 (분모) $\to 0$이므로 (분자) $\to 0$이어야 한다.

즉, $\lim\limits_{x \to 1+} (x+b)(\sqrt{x+3}+2) = 0$에서
$$(1+b)(\sqrt{1+3}+2) = 0$$
$$4(1+b) = 0 \quad \therefore b = -1$$

㉠에서
$$\lim_{x \to 1+} \frac{(x+b)(\sqrt{x+3}+2)}{x-1} = \lim_{x \to 1+} \frac{(x-1)(\sqrt{x+3}+2)}{x-1}$$
$$= \lim_{x \to 1+} (\sqrt{x+3}+2)$$
$$= \sqrt{1+3}+2$$
$$= 4$$
이므로 $-3 + a = 4 \quad \therefore a = 7$
$$\therefore a + b = 7 + (-1) = 6$$

**036**  답 ④

함수 $f(x)$는 실수 전체의 집합에서 연속이므로 $x = 0$에서도 연속이다.

즉, $\lim\limits_{x \to 0+} f(x) = \lim\limits_{x \to 0-} f(x) = f(0)$이어야 한다.

이때 조건 (나)에서 $f(x-3) = f(x+3)$, 즉 $f(x) = f(x+6)$이므로
$$\lim_{x \to 0+} f(x) = \lim_{x \to 0+} (-x^2 + ax + b) = b$$
$$\lim_{x \to 0-} f(x) = \lim_{x \to 6-} f(x) = \lim_{x \to 6-} (-x^2 + ax + b)$$
$$= -36 + 6a + b$$
$$f(0) = b$$
에서
$$-36 + 6a + b = b, \ -36 + 6a = 0 \quad \therefore a = 6$$
$$\therefore f(x) = -x^2 + 6x + b$$
이때 $f(3) = 7$이므로
$$f(3) = -9 + 18 + b = 7 \quad \therefore b = -2$$
$$\therefore a + b = 6 + (-2) = 4$$

**037**  답 ①

함수 $f(x)$가 실수 전체의 집합에서 연속이므로 $x = 1$에서도 연속이다.

조건 (가)에서
$$\lim_{x \to 1} f(x) = f(1) = -1$$
조건 (나)에서 $x \neq 1$일 때,
$$f(x) = \frac{x^3 + ax^2 + b}{x^3 - 1} = \frac{x^3 + ax^2 + b}{(x-1)(x^2 + x + 1)}$$
이므로
$$f(1) = \lim_{x \to 1} f(x) = \lim_{x \to 1} \frac{x^3 + ax^2 + b}{(x-1)(x^2 + x + 1)} \quad \cdots\cdots ㉠$$

㉠에서 $x \to 1$일 때, 극한값이 존재하고 (분모) $\to 0$이므로 (분자) $\to 0$이어야 한다.

즉, $\lim\limits_{x \to 1}(x^3 + ax^2 + b) = 1 + a + b = 0$에서

$b = -a - 1$          ...... ㉡

㉡을 ㉠에 대입하면

$$f(1) = \lim_{x \to 1} \frac{x^3 + ax^2 + b}{(x-1)(x^2+x+1)}$$

$$= \lim_{x \to 1} \frac{x^3 + ax^2 - (a+1)}{(x-1)(x^2+x+1)}$$

$$= \lim_{x \to 1} \frac{(x-1)\{x^2 + (a+1)x + a+1\}}{(x-1)(x^2+x+1)}$$

$$= \lim_{x \to 1} \frac{x^2 + (a+1)x + a+1}{x^2+x+1} = \frac{2a+3}{3}$$

이므로 $\dfrac{2a+3}{3} = -1$    $\therefore a = -3$

$a = -3$을 ㉡에 대입하여 정리하면 $b = 2$

따라서 $f(x) = \dfrac{x^3 - 3x^2 + 2}{x^3 - 1}$이므로

$f(3) = \dfrac{27 - 27 + 2}{27 - 1} = \dfrac{1}{13}$

## 038 답 3

함수 $f(x)$가 실수 전체의 집합에서 연속이므로 $x = 2$에서도 연속이다.

즉, $\lim\limits_{x \to 2+} f(x) = \lim\limits_{x \to 2-} f(x) = f(2)$이어야 하므로

$4 - 8 + b = 2a + 5$

$\therefore 2a - b = -9$      ...... ㉠

함수 $f(x)$는 $x = 4$에서도 연속이므로

$\lim\limits_{x \to 4+} f(x) = \lim\limits_{x \to 4-} f(x) = f(4)$

이어야 한다.

조건 (나)에서 $f(x) = f(x+4)$이므로

$\lim\limits_{x \to 4+} f(x) = \lim\limits_{x \to 0+} f(x) = \lim\limits_{x \to 0+}(ax + 5) = 5$,

$\lim\limits_{x \to 4-} f(x) = \lim\limits_{x \to 4-}(x^2 - 4x + b) = 16 - 16 + b = b$,

$f(4) = f(0) = 5$

$\therefore b = 5$

$b = 5$를 ㉠에 대입하여 정리하면

$a = -2$

따라서 $f(x) = \begin{cases} -2x + 5 & (0 \le x < 2) \\ x^2 - 4x + 5 & (2 \le x < 4) \end{cases}$ 이므로

$f(17) = f(4 \times 4 + 1) = f(1) = -2 + 5 = 3$

## 039 답 ④

$\lim\limits_{x \to 3} g(x) = g(3) - 1$에서 $\lim\limits_{x \to 3} g(x)$의 값이 존재하지만

$\lim\limits_{x \to 3} g(x) \ne g(3)$

이므로 함수 $g(x)$는 $x = 3$에서 불연속이다.    ...... ㉠

이때 $f(3) \ne 0$이라 하면 함수 $f(x)$는 삼차함수이므로 함수 $g(x) = \dfrac{f(x+3)\{f(x)+1\}}{f(x)}$은 $x = 3$에서 연속이다.

이것은 ㉠을 만족시키지 않는다.

$\therefore f(3) = 0$

$\lim\limits_{x \to 3} g(x) = \lim\limits_{x \to 3} \dfrac{f(x+3)\{f(x)+1\}}{f(x)}$에서

$x \to 3$일 때, 극한값이 존재하고 (분모) $\to 0$이므로 (분자) $\to 0$이어야 한다.

즉, $\lim\limits_{x \to 3} f(x+3)\{f(x)+1\} = 0$에서

$f(6)\{f(3) + 1\} = 0$

$\therefore f(6) = 0 \ (\because f(3) = 0)$

$f(x) = (x-3)(x-6)(x-k)$ ($k$는 상수)라 하면

$\lim\limits_{x \to 3} g(x)$

$= \lim\limits_{x \to 3} \dfrac{f(x+3)\{f(x)+1\}}{f(x)}$

$= \lim\limits_{x \to 3} \dfrac{x(x-3)(x-k+3)\{(x-3)(x-6)(x-k)+1\}}{(x-3)(x-6)(x-k)}$

$= \lim\limits_{x \to 3} \dfrac{x(x-k+3)\{(x-3)(x-6)(x-k)+1\}}{(x-6)(x-k)}$

$= \dfrac{3(6-k)}{-3(3-k)}$

$= \dfrac{6-k}{k-3}$

이때 $f(3) = 0$에서 $g(3) = 3$이므로

$\lim\limits_{x \to 3} g(x) = g(3) - 1$에서

$\dfrac{6-k}{k-3} = 3 - 1$, $6 - k = 2k - 6$

$3k = 12$      $\therefore k = 4$

$\therefore f(x) = (x-3)(x-4)(x-6)$

따라서 $f(5) \ne 0$이므로

$g(5) = \dfrac{f(8)\{f(5)+1\}}{f(5)} = \dfrac{40 \times (-2+1)}{-2} = 20$

## 040 답 ①

$\lim\limits_{x \to -1+} f(x) = \lim\limits_{x \to -1-} f(x) = f(-1) = 3$이므로

함수 $f(x)$는 $x = -1$에서 연속이다.

$\lim\limits_{x \to 1+} f(x) = 1$, $\lim\limits_{x \to 1-} f(x) = 3$이므로

함수 $f(x)$는 $x = 1$에서 불연속이다.

함수 $g(x) = x^3 - 7x^2 + 10x$는 실수 전체의 집합에서 연속이므로

함수 $g(x-a)$도 실수 전체의 집합에서 연속이다.

즉, 함수 $f(x)g(x-a)$가 실수 전체의 집합에서 연속이려면 $x = 1$에서 연속이어야 한다.

이때

$\lim\limits_{x \to 1+} f(x)g(x-a) = 1 \times g(1-a) = g(1-a)$,

$\lim\limits_{x \to 1-} f(x)g(x-a) = 3 \times g(1-a) = 3g(1-a)$,

$f(1)g(1-a) = 3 \times g(1-a) = 3g(1-a)$

이므로

$g(1-a)=3g(1-a)$에서

$g(1-a)=0$

한편, $g(x)=x^3-7x^2+10x=x(x-2)(x-5)$이므로

$g(1-a)=(1-a)(-a-1)(-a-4)=0$에서

$a=1$ 또는 $a=-1$ 또는 $a=-4$

따라서 함수 $f(x)g(x-a)$가 실수 전체의 집합에서 연속이 되도록 하는 모든 실수 $a$의 값의 합은

$1+(-1)+(-4)=-4$

## 041  답 ②

$\lim\limits_{x\to\infty}\dfrac{f(x)}{x^2-2x-7}=3$이므로 다항함수 $f(x)$는 최고차항의 계수가 3인 이차함수이다.

즉, $f(x)=3x^2+ax+b$ ($a$, $b$는 상수)라 할 수 있다.

함수 $\dfrac{f(x)}{g(x)}$는 실수 전체의 집합에서 연속이므로 $x=1$에서도 연속이다.

즉, $\lim\limits_{x\to1}\dfrac{f(x)}{g(x)}=\dfrac{f(1)}{g(1)}$이어야 한다.

$\lim\limits_{x\to1}\dfrac{3x^2+ax+b}{x-1}=\dfrac{3+a+b}{3}$ ...... ㉠

㉠에서 $x\to1$일 때, 극한값이 존재하고 (분모) $\to0$이므로 (분자) $\to0$이어야 한다.

즉, $\lim\limits_{x\to1}(3x^2+ax+b)=3+a+b=0$에서

$b=-a-3$ ...... ㉡

㉡을 ㉠에 대입하면

$\lim\limits_{x\to1}\dfrac{3x^2+ax+b}{x-1}=\lim\limits_{x\to1}\dfrac{(x-1)(3x+a+3)}{x-1}$

$\qquad\qquad\qquad\qquad=\lim\limits_{x\to1}(3x+a+3)$

$\qquad\qquad\qquad\qquad=3+a+3$

$\qquad\qquad\qquad\qquad=a+6$

이므로 $a+6=0$  $\therefore a=-6$

$a=-6$을 ㉡에 대입하여 정리하면

$b=3$

따라서 $f(x)=3x^2-6x+3$이므로

$f(3)=27-18+3=12$

## 042  답 ③

$f(x)=\begin{cases}(x-1)^2-3 & (x<2)\\ 3 & (x\ge2)\end{cases}$이므로

$g(x)=\begin{cases}a(x-1)^2-3a+b & (x<2)\\ 3a+b & (x\ge2)\end{cases}$이고

$f(x)+g(x)=\begin{cases}(x-1)^2-3+a(x-1)^2-3a+b & (x<2)\\ 3a+b+3 & (x\ge2)\end{cases}$

$\qquad\qquad=\begin{cases}(a+1)(x-1)^2-3a+b-3 & (x<2)\\ 3a+b+3 & (x\ge2)\end{cases}$

조건 (가)에서 함수 $f(x)+g(x)$는 실수 전체의 집합에서 연속이

므로 $x=2$에서도 연속이어야 한다.

즉,

$\lim\limits_{x\to2+}\{f(x)+g(x)\}=\lim\limits_{x\to2-}\{f(x)+g(x)\}=f(2)+g(2)$

이어야 한다.

$\lim\limits_{x\to2+}\{f(x)+g(x)\}=\lim\limits_{x\to2+}(3a+b+3)=3a+b+3$

$\lim\limits_{x\to2-}\{f(x)+g(x)\}=\lim\limits_{x\to2-}\{(a+1)(x-1)^2-3a+b-3\}$

$\qquad\qquad\qquad\qquad=a+1-3a+b-3$

$\qquad\qquad\qquad\qquad=-2a+b-2$

$f(2)+g(2)=3a+b+3$

이므로

$3a+b+3=-2a+b-2,\ 5a=-5$

$\therefore a=-1$

$\therefore g(x)=\begin{cases}-(x-1)^2+3+b & (x<2)\\ -3+b & (x\ge2)\end{cases}$

함수 $y=g(x)$의 그래프의 개형은 오른쪽 그림과 같다.

함수 $g(x)$는 $x=1$에서 최댓값을 가지므로 조건 (나)에 의하여

$g(1)=3+b=10$

$\therefore b=7$

따라서

$g(x)=\begin{cases}-(x-1)^2+10 & (x<2)\\ 4 & (x\ge2)\end{cases}$

이므로

$g(-1)=-4+10=6$

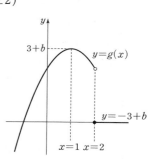

## 043  답 ④

ㄱ. 함수 $g(x)$가 $x=1$에서 연속이므로 $\lim\limits_{x\to1}g(x)=g(1)=2$

즉, $\lim\limits_{x\to1}\dfrac{f(x)}{x-1}=2$에서 $x\to1$일 때, 극한값이 존재하고 (분모) $\to0$이므로 (분자) $\to0$이어야 한다.

$\therefore \lim\limits_{x\to1}f(x)=0$

그런데 $f(x)$가 연속함수이므로 $\lim\limits_{x\to1}f(x)=f(1)=0$ (거짓)

ㄴ. 실수 전체의 집합에서 두 함수 $f(x)$와 $y=x-1$은 연속이므로 연속함수의 성질에 의하여 $x\ne1$인 모든 실수 $x$에서 함수 $\dfrac{f(x)}{x-1}$는 연속이다.

그런데 함수 $g(x)$가 $x=1$에서 연속이므로 함수 $g(x)$는 실수 전체의 집합에서 연속이다. (참)

ㄷ. $\lim\limits_{x\to1}\dfrac{f(x)g(x)}{x^2-1}=\lim\limits_{x\to1}\dfrac{f(x)g(x)}{(x-1)(x+1)}$

$\qquad\qquad\qquad=\lim\limits_{x\to1}\dfrac{f(x)}{x-1}\times\lim\limits_{x\to1}\dfrac{g(x)}{x+1}$

$\qquad\qquad\qquad=2\times\dfrac{g(1)}{2}$

$\qquad\qquad\qquad=g(1)=2$ (참)

따라서 옳은 것은 ㄴ, ㄷ이다.

## 044 답 ⑤

두 함수 $y=f(x)$, $y=g(x)$의 그래프는 각각 다음 그림과 같다.

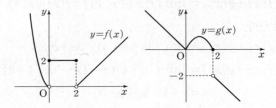

ㄱ. $\lim\limits_{x \to 2-} f(x)g(x) = \lim\limits_{x \to 2-} f(x) \times \lim\limits_{x \to 2-} g(x)$
$$= 2 \times 0 = 0$$
즉, $\lim\limits_{x \to 2-} f(x)g(x)$의 값이 존재한다. (참)

ㄴ. $\lim\limits_{x \to 2+} f(x)g(x) = \lim\limits_{x \to 2+} f(x) \times \lim\limits_{x \to 2+} g(x)$
$$= 0 \times (-2) = 0$$
$f(2)g(2) = 2 \times 0 = 0$
$\therefore \lim\limits_{x \to 2+} f(x)g(x) = \lim\limits_{x \to 2-} f(x)g(x) = f(2)g(2)$
즉, 함수 $f(x)g(x)$는 $x=2$에서 연속이다. (참)

ㄷ. $\lim\limits_{x \to 2+} |f(x)+g(x)| = |\lim\limits_{x \to 2+} f(x) + \lim\limits_{x \to 2+} g(x)|$
$$= |0+(-2)| = 2$$
$\lim\limits_{x \to 2-} |f(x)+g(x)| = |\lim\limits_{x \to 2-} f(x) + \lim\limits_{x \to 2-} g(x)|$
$$= |2+0| = 2$$
$|f(2)+g(2)| = |2+0| = 2$
$\therefore \lim\limits_{x \to 2+} |f(x)+g(x)| = \lim\limits_{x \to 2-} |f(x)+g(x)|$
$$= |f(2)+g(2)|$$
즉, 함수 $|f(x)+g(x)|$는 $x=2$에서 연속이다. (참)

따라서 옳은 것은 ㄱ, ㄴ, ㄷ이다.

## 045 답 ⑤

ㄱ. $g(x) = x - f(x)$라 하면
$g(0)g(2) = \{0-f(0)\}\{2-f(2)\}$
이때 $0-f(0)<0$, $2-f(2)>0$이므로
$g(0)g(2)<0$
따라서 사잇값의 정리에 의하여 방정식 $g(x)=0$, 즉
$x-f(x)=0$은 열린구간 $(0, 2)$에서 적어도 하나의 실근을 갖는다.

ㄴ. $h(x) = f\left(\dfrac{x+2}{2}\right) - f\left(\dfrac{x}{2}\right)$라 하면
$h(0)h(2) = \{f(1)-f(0)\}\{f(2)-f(1)\}$
이때 $f(1)-f(0)>0$, $f(2)-f(1)<0$이므로
$h(0)h(2)<0$
따라서 사잇값의 정리에 의하여 방정식
$h(x) = f\left(\dfrac{x+2}{2}\right) - f\left(\dfrac{x}{2}\right) = 0$은 열린구간 $(0, 2)$에서 적어도 하나의 실근을 갖는다.

ㄷ. $i(x) = f\left(\dfrac{2x-1}{2}\right) - f\left(\dfrac{2x+1}{2}\right)$이라 하면
$i\left(\dfrac{1}{2}\right)i\left(\dfrac{3}{2}\right) = \{f(0)-f(1)\}\{f(1)-f(2)\}$
이때 $f(0)-f(1)<0$, $f(1)-f(2)>0$이므로

$i\left(\dfrac{1}{2}\right)i\left(\dfrac{3}{2}\right)<0$

따라서 사잇값의 정리에 의하여 방정식
$i(x)=0$, 즉 $f\left(\dfrac{2x-1}{2}\right) - f\left(\dfrac{2x+1}{2}\right) = 0$은 열린구간 $\left(\dfrac{1}{2}, \dfrac{3}{2}\right)$
에서 적어도 하나의 실근을 가지므로 열린구간 $(0, 2)$에서도 적어도 하나의 실근을 갖는다.

따라서 열린구간 $(0, 2)$에서 항상 실근을 갖는 방정식은 ㄱ, ㄴ, ㄷ이다.

## 046 답 ③

$\lim\limits_{x \to 1} \dfrac{f(x)+1}{x-1} = 2$에서 $x \to 1$일 때, 극한값이 존재하고
(분모) $\to 0$이므로 (분자) $\to 0$이어야 한다.
즉, $\lim\limits_{x \to 1} \{f(x)+1\} = f(1)+1 = 0$
$\therefore f(1) = -1$

또한, $\lim\limits_{x \to -1} \dfrac{f(x)-3}{x+1} = -8$에서 $x \to -1$일 때, 극한값이 존재하고 (분모) $\to 0$이므로 (분자) $\to 0$이어야 한다.
즉, $\lim\limits_{x \to -1} \{f(x)-3\} = f(-1)-3 = 0$
$\therefore f(-1) = 3$

ㄱ. $f(1)+f(-1) = -1+3 = 2$ (참)

ㄴ. 함수 $f(x)$는 닫힌구간 $[-1, 1]$에서 연속이고
$f(-1)f(1) = 3 \times (-1) = -3 < 0$
이므로 사잇값의 정리에 의하여 방정식 $f(x)=0$은 열린구간 $(-1, 1)$에서 적어도 하나의 실근을 갖는다. (참)

ㄷ. $\lim\limits_{x \to 0} \dfrac{f(x-1)-3}{f(x+1)+1} = \lim\limits_{x \to 0} \dfrac{x}{f(x+1)+1} \times \lim\limits_{x \to 0} \dfrac{f(x-1)-3}{x}$
$$= \lim\limits_{t \to 1} \dfrac{t-1}{f(t)+1} \times \lim\limits_{s \to -1} \dfrac{f(s)-3}{s+1}$$
$$= \lim\limits_{t \to 1} \dfrac{1}{\dfrac{f(t)+1}{t-1}} \times \lim\limits_{s \to -1} \dfrac{f(s)-3}{s+1}$$
$$= \dfrac{1}{2} \times (-8)$$
$$= -4 \text{ (거짓)}$$

따라서 옳은 것은 ㄱ, ㄴ이다.

## 047 답 ④

삼차함수 $f(x)$가 실수 전체의 집합에서 연속이므로 함수 $f(|x|)$도 실수 전체의 집합에서 연속이다.

즉, 연속함수의 성질에 의하여 두 함수 $y = \dfrac{f(|x|)}{2x^m}$, $y = \dfrac{f(|x|)}{2x^n}$도 연속이다.

ㄱ. 조건 (가)에서
$x = -t$라 하면 $x \to -\infty$일 때, $t \to \infty$이므로
$\lim\limits_{x \to -\infty} \dfrac{f(|x|)}{2x^m} = \lim\limits_{t \to \infty} \dfrac{f(|-t|)}{2(-t)^m}$
$$= \dfrac{1}{2 \times (-1)^m} \lim\limits_{t \to \infty} \dfrac{f(t)}{t^m} = 5$$

에서
$$\lim_{t \to \infty} \frac{f(t)}{t^m}=10 \times (-1)^m$$
그런데 $f(x)$는 삼차함수이므로 $m=3$이고
$$\lim_{t \to \infty} \frac{f(t)}{t^3}=10 \times (-1)^3=-10$$
$$\therefore \lim_{x \to \infty} \frac{f(|x|)}{x^3}=\lim_{x \to \infty} \frac{f(x)}{x^3}=-10 \text{ (거짓)}$$

ㄴ. ㄱ에서 삼차함수 $f(x)$의 최고차항의 계수는 $-10$이고, 조건 (나)에 의하여

$x>0$인 경우, $\lim\limits_{x \to 0+} \dfrac{f(x)}{x^n}=10$에서

$x \to 0+$일 때, 극한값이 존재하고 (분모) $\to 0$이므로
(분자) $\to 0$이어야 한다.

즉, $f(0)=0$이고, $n$은 3보다 작은 자연수이다.

$\therefore f(x)=-10x^3+\cdots+10x^n$

$x<0$인 경우, $\lim\limits_{x \to 0-} \dfrac{f(-x)}{x^n}=10$에서

$$\lim_{x \to 0-} \frac{f(-x)}{x^n}=\lim_{x \to 0-} \frac{-10(-x)^3+\cdots+10(-x)^n}{x^n}=10$$

이므로
$$10 \times (-1)^n=10, \ (-1)^n=1$$
즉, $n$은 짝수이므로
$n=2$ (참)

ㄷ. ㄱ, ㄴ에서
$f(x)=-10x^3+10x^2$이므로
$f(1)=-10+10=0$ (참)

따라서 옳은 것은 ㄴ, ㄷ이다.

최고 등급 도전하기    본문 21~26쪽

## 048 답 ③

조건 (가)에서 $\lim\limits_{x \to \infty} \dfrac{f(x)+4x^2}{g(x)+x^2}=5$이므로 음이 아닌 정수 $p$, $q$에 대하여 $f(x)$의 최고차항을 $x^p$, $g(x)$의 최고차항을 $x^q$이라 하자.

(i) $p>2$, $q>2$일 때

$p>q$ 또는 $p<q$이면
$$\lim_{x \to \infty} \frac{f(x)+4x^2}{g(x)+x^2}=\infty \text{ 또는 } \lim_{x \to \infty} \frac{f(x)+4x^2}{g(x)+x^2}=0$$
$p=q$이면
$$\lim_{x \to \infty} \frac{f(x)+4x^2}{g(x)+x^2}=1 \neq 5$$

(ii) $p=q=2$일 때
$$\lim_{x \to \infty} \frac{f(x)+4x^2}{g(x)+x^2}=\frac{1+4}{1+1}=\frac{5}{2} \neq 5$$

(iii) $p=2$, $q<2$일 때
$$\lim_{x \to \infty} \frac{f(x)+4x^2}{g(x)+x^2}=\frac{1+4}{1}=5$$

(iv) $p<2$, $q=2$일 때
$$\lim_{x \to \infty} \frac{f(x)+4x^2}{g(x)+x^2}=\frac{4}{1+1}=2 \neq 5$$

(v) $p<2$, $q<2$일 때
$$\lim_{x \to \infty} \frac{f(x)+4x^2}{g(x)+x^2}=4 \neq 5$$

(i)~(v)에서 $f(x)$는 이차함수, $g(x)$는 일차함수 또는 상수함수이다.

그런데 조건 (다)에서 $\lim\limits_{x \to 3} \dfrac{f(x)}{g(x)}$의 값이 존재하지 않으므로 $g(x)$는 일차함수이다.

$f(x)=x^2+ax+b$, $g(x)=x+c$ ($a$, $b$, $c$는 상수)라 하면

$\lim\limits_{x \to 3} \dfrac{f(x)}{g(x)}$의 값이 존재하지 않으므로

$f(3) \neq 0$, $g(3)=0$에서 $c=-3$

$\therefore g(x)=x-3$

조건 (나)에서 $n=1$일 때 $\lim\limits_{x \to 1} \dfrac{f(x)}{g(x)}=0$이므로

$f(1)=0$

즉, $f(1)=1+a+b=0$이므로

$a+b=-1$        ...... ㉠

조건 (나)에서 $n=2$일 때

$$\lim_{x \to 2} \frac{f(x)}{g(x)}=\lim_{x \to 2} \frac{x^2+ax+b}{x-3}=-(4+2a+b)=2$$

$\therefore 2a+b=-6$        ...... ㉡

㉠, ㉡을 연립하여 풀면

$a=-5$, $b=4$

따라서 $f(x)=x^2-5x+4$이므로

$f(2)+g(2)=(4-10+4)+(2-3)=-3$

## 049 답 ④

함수 $y=f(x)$의 그래프는 다음 그림과 같고 $x=2$에서 연속이다.

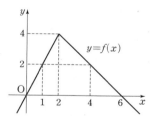

합성함수 $y=(f \circ f)(x)$를 구해 보자.

(i) $x<1$일 때
$f(x)=2x$이고, $f(x)<2$이므로
$$(f \circ f)(x)=f(f(x))=f(2x)$$
$$=2(2x)=4x$$

(ii) $1 \leq x<2$일 때
$f(x)=2x$이고 $2 \leq f(x)<4$이므로
$$(f \circ f)(x)=f(f(x))=f(2x)$$
$$=-(2x)+6=-2x+6$$

(iii) $2 \leq x<4$일 때
$f(x)=-x+6$이고 $2<f(x) \leq 4$이므로

$$(f\circ f)(x)=f(f(x))=f(-x+6)$$
$$=-(-x+6)+6=x$$

(iv) $x\geq4$일 때

$f(x)=-x+6$이고 $f(x)\leq2$이므로
$$(f\circ f)(x)=f(f(x))=f(-x+6)$$
$$=2(-x+6)=-2x+12$$

(i)~(iv)에서

$$(f\circ f)(x)=\begin{cases} 4x & (x<1) \\ -2x+6 & (1\leq x<2) \\ x & (2\leq x<4) \\ -2x+12 & (x\geq4) \end{cases}$$

즉, 두 함수 $y=(f\circ f)(x)$, $g(x)=|(f\circ f)(x)|+1$의 그래프는 각각 다음 그림과 같다.

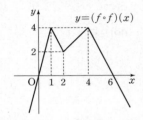 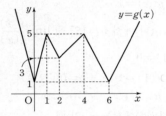

이때 함수 $g(x)=|(f\circ f)(x)|+1$의 그래프와 직선 $y=t$ ($t$는 실수)의 교점의 개수 $h(t)$는 다음과 같다.

$$h(t)=\begin{cases} 0 & (t<1) \\ 2 & (t=1) \\ 4 & (1<t<3) \\ 5 & (t=3) \\ 6 & (3<t<5) \\ 4 & (t=5) \\ 2 & (t>5) \end{cases}$$

따라서 $\lim\limits_{t\to a-}h(t)\neq\lim\limits_{t\to a+}h(t)$인 실수 $a$의 값은 1, 3, 5이므로 모든 실수 $a$의 값의 합은
$1+3+5=9$

## 050 답 ⑤

ㄱ. 함수 $y=f(-x)$의 그래프는 함수 $y=f(x)$의 그래프를 $y$축에 대하여 대칭이동한 것이므로 다음 그림과 같다.

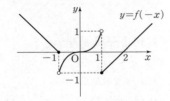

$\therefore \lim\limits_{x\to1-}f(-x)=1$ (참)

ㄴ. 함수 $y=|f(x)|$의 그래프는 다음 그림과 같다.

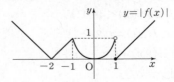

즉, 함수 $|f(x)|$는 $x=-1$에서 연속이다. (참)

ㄷ. ㄴ의 함수 $y=|f(x)|$의 그래프에서 함수 $|f(x)|$는 $x=1$을 제외한 모든 실수 $x$에서 연속이고, 함수 $y=x-a$는 실수 전체의 집합에서 연속이므로 함수 $(x-a)|f(x)|$가 실수 전체의 집합에서 연속이려면 $x=1$에서 연속이어야 한다.

이때
$$\lim\limits_{x\to1+}(x-a)|f(x)|=\lim\limits_{x\to1+}(x-a)\times\lim\limits_{x\to1+}|f(x)|$$
$$=(1-a)\times0=0$$
$$\lim\limits_{x\to1-}(x-a)|f(x)|=\lim\limits_{x\to1-}(x-a)\times\lim\limits_{x\to1-}|f(x)|$$
$$=(1-a)\times1=1-a$$
$$(1-a)|f(1)|=(1-a)\times0=0$$

이므로 $1-a=0$에서 $a=1$

즉, 함수 $(x-a)|f(x)|$가 실수 전체의 집합에서 연속이 되도록 하는 상수 $a$는 1개 존재한다. (참)

따라서 옳은 것은 ㄱ, ㄴ, ㄷ이다.

## 051 답 10

ㄱ. $\lim\limits_{x\to0}\dfrac{(x^2-x)f(x)}{x}\times\lim\limits_{x\to1}\dfrac{(x^2-x)f(x)}{x-1}$
$=\lim\limits_{x\to0}(x-1)f(x)\times\lim\limits_{x\to1}xf(x)$
$=-f(0)\times f(1)>0$

에서 $f(0)f(1)<0$이므로 사잇값의 정리에 의하여 방정식 $f(x)=0$은 열린구간 $(0,1)$에서 적어도 하나의 실근을 갖는다. (참)
$\therefore A=2$

ㄴ. $f\left(\dfrac{3}{2}\right)f(2)>0$의 양변에 $f(0)f(1)$을 곱하면
$f(0)f(1)<0$이므로
$f(0)f(1)f\left(\dfrac{3}{2}\right)f(2)<0$

이때 $f(x)=f(x+2)$에서 $f(0)=f(2)$이므로
$f(0)f(2)=\{f(0)\}^2>0$

즉, $\{f(0)\}^2f(1)f\left(\dfrac{3}{2}\right)<0$이므로 $f(1)f\left(\dfrac{3}{2}\right)<0$이고, 사잇값의 정리에 의하여 방정식 $f(x)=0$은 열린구간 $\left(1,\dfrac{3}{2}\right)$에서 적어도 하나의 실근을 갖는다.

한편, ㄱ에 의하여 방정식 $f(x)=0$은 열린구간 $(0,1)$에서도 적어도 하나의 실근을 가지므로 방정식 $f(x)=0$은 열린구간 $(0,2)$에서 적어도 두 개의 실근을 갖는다. (참)
$\therefore B=8$
$\therefore A+B=2+8=10$

## 052 답 ②

ㄱ. $f(x)=\lim\limits_{n\to\infty}\dfrac{x^{2n-1}+ax^2}{x^{2n}+1}$에서

(i) $|x|>1$일 때

$\lim\limits_{n\to\infty}\dfrac{1}{x^{2n}}=0$이므로

$$f(x)=\lim_{n\to\infty}\frac{\dfrac{1}{x}+\dfrac{a}{x^{2n-2}}}{1+\dfrac{1}{x^{2n}}}=\frac{\dfrac{1}{x}+0}{1+0}=\frac{1}{x}$$

(ii) $x=1$일 때

$$f(1)=\lim_{n\to\infty}\frac{1^{2n-1}+a}{1^{2n}+1}=\frac{1+a}{2}$$

(iii) $|x|<1$일 때

$\lim_{n\to\infty}x^{2n}=0$이므로

$$f(x)=\lim_{n\to\infty}\frac{\dfrac{1}{x}\times x^{2n}+ax^2}{x^{2n}+1}$$

$$=\frac{0+ax^2}{0+1}=ax^2$$

(iv) $x=-1$일 때

$$f(-1)=\lim_{n\to\infty}\frac{(-1)^{2n-1}+a\times(-1)^2}{(-1)^{2n}+1}$$

$$=\frac{-1+a}{1+1}=\frac{-1+a}{2}$$

(i)~(v)에서

$$f(x)=\begin{cases}\dfrac{1}{x} & (|x|>1)\\[2mm]\dfrac{1+a}{2} & (x=1)\\[2mm]ax^2 & (|x|<1)\\[2mm]\dfrac{-1+a}{2} & (x=-1)\end{cases}$$

즉, 함수 $f(x)$가 실수 전체의 집합에서 연속이려면 함수 $f(x)$가 $x=1$, $x=-1$에서 연속이어야 한다.

$\lim_{x\to1+}f(x)=\lim_{x\to1-}f(x)=f(1)$에서

$\lim_{x\to1+}\dfrac{1}{x}=\lim_{x\to1-}ax^2=\dfrac{1+a}{2}$

$1=a=\dfrac{1+a}{2}$ ∴ $a=1$

$a=1$일 때, 함수 $y=f(x)$의 그래프와 함수 $y=|f(x)|$의 그래프는 다음과 같고, 함수 $|f(x)|$는 $x=-1$에서 불연속이다.

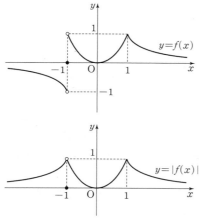

한편, $\lim_{x\to-1+}f(x)=\lim_{x\to-1-}f(x)=f(-1)$에서

$\lim_{x\to-1+}ax^2=\lim_{x\to-1-}\dfrac{1}{x}=f(-1)$

$a=-1=\dfrac{-1+a}{2}$ ∴ $a=-1$

$a=-1$일 때, 함수 $y=f(x)$의 그래프와 함수 $y=|f(x)|$의 그래프는 다음과 같고, 함수 $|f(x)|$는 $x=1$에서 불연속이다.

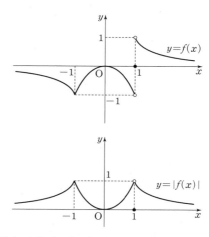

따라서 함수 $|f(x)|$가 실수 전체의 집합에서 연속이 되도록 하는 상수 $a$는 존재하지 않는다. (거짓)

ㄴ. 이차함수 $g(x)$는 실수 전체의 집합에서 연속이다.
그런데 함수 $f(x)$는 $x=1$, $x=-1$에서 불연속인 경우도 있으므로 함수 $f(x)g(x)$가 실수 전체의 집합에서 연속이려면 $x=1$, $x=-1$에서 함수 $g(x)$의 함숫값이 $0$이어야 한다.
$a=-1$일 때, 함수 $f(x)$는 $x=-1$에서 연속이지만 $x=1$에서 불연속이므로 함수 $f(x)g(x)$가 실수 전체의 집합에서 연속이려면 $g(1)=0$이어야 한다. (참)

ㄷ. [반례] $a=1$일 때, 함수 $f(x)$는 $x=1$에서는 연속이지만 $x=-1$에서는 불연속이므로 함수 $f(x)g(x)$가 실수 전체의 집합에서 연속이려면 $g(-1)=0$이어야 한다.
$g(-1)=3-b^2=0$에서 $b^2=3$
∴ $a=1$, $b^2=3$
즉, $f(x)=\begin{cases}\dfrac{1}{x} & (|x|>1)\\[2mm]x^2 & (-1<x\le1)\\[2mm]0 & (x=-1)\end{cases}$
$g(x)=3x^2-3$이므로
$f\Big(\dfrac{a}{2}\Big)g(b^2)=f\Big(\dfrac{1}{2}\Big)g(3)=\dfrac{1}{4}\times24=6$ (거짓)

따라서 옳은 것은 ㄴ이다.


**053** 답 ④

함수 $y=f(x)$의 역함수의 그래프의 점근선의 방정식이 $x=2$, $y=-1$이므로 함수 $y=f(x)$의 그래프의 점근선의 방정식은 $x=-1$, $y=2$이다.

$f(x)=\dfrac{bx+c}{x+a}=\dfrac{c-ab}{x+a}+b$에서 점근선의 방정식은 $x=-a$, $y=b$이므로

$-a=-1$, $b=2$

∴ $a=1$, $b=2$

즉, $f(x)=\dfrac{2x+c}{x+1}$이므로 점 P의 좌표는 $P\Big(t,\ \dfrac{2t+c}{t+1}\Big)$이고

두 점 Q, R의 좌표는

$Q(t,\ 0)$, $R\Big(0,\ \dfrac{2t+c}{t+1}\Big)$

$$\therefore \overline{PQ}+\overline{PR}=\frac{2t+c}{t+1}+t$$
$$=\frac{c-2}{t+1}+(t+1)+1$$
$$\geq 2\sqrt{\frac{c-2}{t+1}\times(t+1)}+1$$
$$=2\sqrt{c-2}+1$$

$$\left(\text{단, 등호는 }\frac{c-2}{t+1}=t+1\text{일 때 성립한다.}\right)$$

즉, $2\sqrt{c-2}+1=5$에서
$$\sqrt{c-2}=2$$
$$\therefore c=6$$
$f(x)=\dfrac{2x+6}{x+1}$이므로 사각형 $OQPR$의 넓이 $S(t)$는
$$S(t)=t\times\frac{2t+6}{t+1}=\frac{2t(t+3)}{t+1}$$
따라서
$$\lim_{t\to\infty}\frac{t}{S(t)}=\lim_{t\to\infty}\frac{t(t+1)}{2t(t+3)}$$
$$=\lim_{t\to\infty}\frac{1+\dfrac{1}{t}}{2\left(1+\dfrac{3}{t}\right)}=\frac{1}{2}$$
$$\lim_{t\to\infty}tS\left(\frac{1}{t}\right)=\lim_{t\to\infty}\frac{2\left(\dfrac{1}{t}+3\right)}{\dfrac{1}{t}+1}=6$$
이므로
$$\lim_{t\to\infty}\frac{t}{S(t)}+\lim_{t\to\infty}tS\left(\frac{1}{t}\right)=\frac{1}{2}+6$$
$$=\frac{13}{2}$$

## 054  답 82

조건 (가)에서 $\lim\limits_{x\to\infty}\dfrac{f(x)}{2x^2+5}=\dfrac{1}{2}$이므로 함수 $f(x)$는 최고차항의 계수가 1인 이차함수이다.

조건 (나)에서 이차함수 $y=f(x)$의 그래프는 직선 $x=4$에 대하여 대칭이므로 $f(x)=(x-4)^2+p$ ($p$는 상수)라 하자.

조건 (다)에서 $x$에 대한 방정식 $|f(x)|=t$의 서로 다른 실근의 개수가 4이려면 함수 $y=f(x)$의 그래프와 $x$축이 서로 다른 두 점에서 만나야 한다.

이때 실수 $t$의 값의 범위가 $0<t<25$이므로 $f(4)=-25$이다.

즉, $p=-25$이므로
$$f(x)=(x-4)^2-25$$
이차방정식 $f(x)=0$에서
$$(x-4)^2-25=0,\ x^2-8x-9=0$$
$$(x+1)(x-9)=0$$
$$\therefore x=-1\ \text{또는}\ x=9$$
한편,
$$g(x)=\frac{f(x)+|f(x)|}{2}=\begin{cases} f(x) & (x<-1\ \text{또는}\ x>9) \\ 0 & (-1\leq x\leq 9) \end{cases}$$
이므로 함수 $g(x)$는 실수 전체의 집합에서 연속이다.

또한,
$$\lim_{x\to a+}h(x)=\lim_{x\to a+}(-x+a+1)$$
$$=-a+a+1=1$$
$$\lim_{x\to a-}h(x)=\lim_{x\to a-}(x-a-1)$$
$$=a-a-1=-1$$
즉, $\lim\limits_{x\to a-}h(x)\neq\lim\limits_{x\to a+}h(x)$이므로 함수 $h(x)$는 $x=a$에서 불연속이다.

즉, 함수 $g(x)h(x)$가 실수 전체의 집합에서 연속이려면 $x=a$에서 연속이어야 한다.

(i) $a<-1$ 또는 $a>9$일 때
$$\lim_{x\to a+}g(x)h(x)=\lim_{x\to a+}g(x)\times\lim_{x\to a+}h(x)$$
$$=f(a)\times 1=f(a)$$
$$\lim_{x\to a-}g(x)h(x)=\lim_{x\to a-}g(x)\times\lim_{x\to a-}h(x)$$
$$=f(a)\times(-1)=-f(a)$$
$$g(a)h(a)=f(a)\times 1=f(a)$$
이므로 $-f(a)=f(a)$에서
$$f(a)=0$$
이때 $x<-1$ 또는 $x>9$일 때 $f(x)>0$이므로 $f(a)=0$을 만족시키는 $a$의 값은 존재하지 않는다.

(ii) $-1\leq a\leq 9$일 때
$$\lim_{x\to a+}g(x)h(x)=\lim_{x\to a+}g(x)\times\lim_{x\to a+}h(x)$$
$$=0\times 1=0$$
$$\lim_{x\to a-}g(x)h(x)=\lim_{x\to a-}g(x)\times\lim_{x\to a-}h(x)$$
$$=0\times(-1)=0$$
$$g(a)h(a)=0\times 1=0$$
이므로 함수 $g(x)h(x)$는 $x=a$에서 연속이다.

(i), (ii)에서
$$-1\leq a\leq 9$$
따라서 정수 $a$의 최댓값은 $M=9$, 최솟값은 $m=-1$이므로
$$M^2+m^2=9^2+(-1)^2=82$$

## 055  답 14

$h(x)=\dfrac{ax}{x-a}$ ($a\neq 0$)이라 하면
$$h(x)=\frac{ax}{x-a}=\frac{a^2}{x-a}+a$$
함수 $y=h(x)$의 그래프의 점근선의 방정식은 $x=a$, $y=a$이고, $h(0)=0$이므로 함수 $y=|h(x)|$의 그래프의 개형은 다음 그림과 같다.

(i) $a>0$일 때 (ii) $a<0$일 때

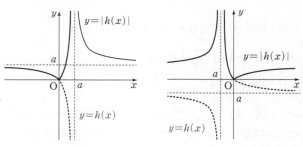

(ⅰ) $a>0$일 때

$x>a$에서 함수 $y=|h(x)|$의 그래프는 직선 $y=x$에 대하여 대칭이므로 함수 $y=|h(x)|$의 그래프와 원 $x^2+y^2=r^2$이 접하는 점도 직선 $y=x$ 위에 있다.

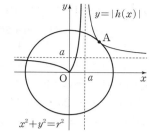

이 접점을 $\mathrm{A}(k,\ k)\ (k>a)$라 하면

$h(k)=k$에서

$\dfrac{ak}{k-a}=k,\ ak=k^2-ak$

$k(k-2a)=0$

$\therefore k=2a\ (\because k>a)$

즉, $\mathrm{A}(2a,\ 2a)$이므로

$r=2\sqrt{2}\,a$

$\therefore f(a)=\begin{cases} 4 & \left(0<a<\dfrac{r}{2\sqrt{2}}\right) \\ 3 & \left(a=\dfrac{r}{2\sqrt{2}}\right) \\ 2 & \left(a>\dfrac{r}{2\sqrt{2}}\right) \end{cases}$

이때 $\displaystyle\lim_{a\to\sqrt{2}-}f(a)-\lim_{a\to\sqrt{2}+}f(a)=2$이고, $4-2=2$이므로

$\dfrac{r}{2\sqrt{2}}=\sqrt{2}$    $\therefore r=4$

$\therefore f(a)=\begin{cases} 4 & (0<a<\sqrt{2}) \\ 3 & (a=\sqrt{2}) \\ 2 & (a>\sqrt{2}) \end{cases}$

(ⅱ) $a<0$일 때

(ⅰ)과 같은 방법으로 하면

$f(a)=\begin{cases} 4 & (-\sqrt{2}<a<0) \\ 3 & (a=-\sqrt{2}) \\ 2 & (a<-\sqrt{2}) \end{cases}$

(ⅰ), (ⅱ)에서 함수 $y=f(a)$의 그래프는 다음 그림과 같다.

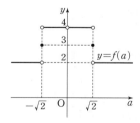

함수 $f(x)$는 $x=-\sqrt{2}$, $x=0$, $x=\sqrt{2}$에서 불연속이고, 이차함수 $g(x)$는 실수 전체의 집합에서 연속이므로

함수 $f(x)g(x)$가 $x\neq0$인 실수 전체의 집합에서 연속이려면 $x=-\sqrt{2}$, $x=\sqrt{2}$에서 연속이어야 한다.

$\displaystyle\lim_{x\to-\sqrt{2}+}f(x)g(x)=\lim_{x\to-\sqrt{2}-}f(x)g(x)=f(-\sqrt{2})g(-\sqrt{2})$

에서

$4g(-\sqrt{2})=2g(-\sqrt{2})=3g(-\sqrt{2})$

$\therefore g(-\sqrt{2})=0$

$\displaystyle\lim_{x\to\sqrt{2}+}f(x)g(x)=\lim_{x\to\sqrt{2}-}f(x)g(x)=f(\sqrt{2})g(\sqrt{2})$

에서

$2g(\sqrt{2})=4g(\sqrt{2})=3g(\sqrt{2})$

$\therefore g(\sqrt{2})=0$

즉, $g(-\sqrt{2})=g(\sqrt{2})=0$이므로

$g(x)=(x+\sqrt{2})(x-\sqrt{2})=x^2-2$

$\therefore g(r)=g(4)=16-2=14$

**기출문제로 개념 확인하기**      본문 28~29쪽

### 056   답 8

$f(x)=(x+1)(x^2+3)$에서

$f'(x)=(x^2+3)+(x+1)\times 2x$이므로

$f'(1)=(1+3)+(1+1)\times 2=8$

### 057   답 ③

$f(x)=\begin{cases} -(x+3) & (x<-3) \\ x+3 & (x\geq -3) \end{cases}$ 이므로

$f(x)g(x)=\begin{cases} -(x+3)(2x+a) & (x<-3) \\ (x+3)(2x+a) & (x\geq -3) \end{cases}$

함수 $f(x)g(x)$가 실수 전체의 집합에서 미분가능하므로 $x=-3$에서도 미분가능하다.

즉,

$\lim\limits_{x\to -3+}\dfrac{f(x)g(x)-f(-3)g(-3)}{x+3}$

$=\lim\limits_{x\to -3-}\dfrac{f(x)g(x)-f(-3)g(-3)}{x+3}$

이어야 한다.

$\lim\limits_{x\to -3+}\dfrac{f(x)g(x)-f(-3)g(-3)}{x+3}$

$=\lim\limits_{x\to -3+}\dfrac{(x+3)(2x+a)-0}{x+3}$   $(\because f(-3)=0)$

$=\lim\limits_{x\to -3+}(2x+a)=-6+a$

$\lim\limits_{x\to -3-}\dfrac{f(x)g(x)-f(-3)g(-3)}{x+3}$

$=\lim\limits_{x\to -3-}\dfrac{-(x+3)(2x+a)-0}{x+3}$   $(\because f(-3)=0)$

$=\lim\limits_{x\to -3-}(-2x-a)=6-a$

에서 $-6+a=6-a$

$2a=12$    $\therefore a=6$

**다른 풀이**

함수 $f(x)g(x)$가 $x=-3$에서 미분가능하므로 $h(x)=f(x)g(x)$라 하면 $\lim\limits_{x\to -3+}h'(x)=\lim\limits_{x\to -3-}h'(x)$이어야 한다.

$h(x)=f(x)g(x)=\begin{cases} -(x+3)(2x+a) & (x<-3) \\ (x+3)(2x+a) & (x\geq -3) \end{cases}$ 에서

$h'(x)=\begin{cases} -4x-a-6 & (x<-3) \\ 4x+a+6 & (x>-3) \end{cases}$ 이므로

$\lim\limits_{x\to -3+}h'(x)=\lim\limits_{x\to -3+}(4x+a+6)=a-6$,

$\lim\limits_{x\to -3-}h'(x)=\lim\limits_{x\to -3-}(-4x-a-6)=-a+6$

에서 $a-6=-a+6$

$2a=12$    $\therefore a=6$

### 058   답 11

함수 $f(x)$에서 $x$의 값이 0에서 4까지 변할 때의 평균변화율은

$\dfrac{f(4)-f(0)}{4-0}=\dfrac{(64-96+20)-0}{4}=-3$

또한, $f(x)=x^3-6x^2+5x$에서

$f'(x)=3x^2-12x+5$

$f'(a)=3a^2-12a+5$이므로

$3a^2-12a+5=-3,\ 3a^2-12a+8=0$

$\therefore a=\dfrac{6\pm 2\sqrt{3}}{3}$

즉, 조건을 만족시키는 모든 실수 $a$가 $0<a<4$이다.

이때 이차방정식의 근과 계수의 관계에 의하여 두 근의 곱은 $\dfrac{8}{3}$이므로 구하는 모든 실수 $a$의 값의 곱은 $\dfrac{8}{3}$이다.

따라서 $p=3,\ q=8$이므로

$p+q=3+8=11$

### 059   답 11

$f(x)=x^2-3x+12$에서

$f'(x)=3x^2-3=3(x+1)(x-1)$

$f'(x)=0$에서 $x=-1$ 또는 $x=1$

함수 $f(x)$의 증가와 감소를 표로 나타내면 다음과 같다.

| $x$ | $\cdots$ | $-1$ | $\cdots$ | $1$ | $\cdots$ |
|:---:|:---:|:---:|:---:|:---:|:---:|
| $f'(x)$ | $+$ | $0$ | $-$ | $0$ | $+$ |
| $f(x)$ | ↗ | 극대 | ↘ | 극소 | ↗ |

함수 $f(x)$는 $x=1$에서 극소이므로 $a=1$

따라서 $f(a)=f(1)=1-3+12=10$이므로

$a+f(a)=1+f(1)=1+10=11$

### 060   답 ②

함수 $f(x)$가 $x=1$에서 극대이므로

$f'(1)=0$

이때 $f(x)=2x^3-9x^2+ax+5$에서

$f'(x)=6x^2-18x+a$이므로

$f'(1)=6-18+a=0$    $\therefore a=12$

$f(x)=2x^3-9x^2+12x+5$에서

$f'(x)=6x^2-18x+12=6(x-1)(x-2)$

$f'(x)=0$에서 $x=1$ 또는 $x=2$

함수 $f(x)$의 증가와 감소를 표로 나타내면 다음과 같다.

| $x$ | $\cdots$ | $1$ | $\cdots$ | $2$ | $\cdots$ |
|:---:|:---:|:---:|:---:|:---:|:---:|
| $f'(x)$ | $+$ | $0$ | $-$ | $0$ | $+$ |
| $f(x)$ | ↗ | 극대 | ↘ | 극소 | ↗ |

즉, 함수 $f(x)$는 $x=2$에서 극소이므로 $b=2$

$\therefore a+b=12+2=14$

## 061 답 15

$f(x)=4x^3-12x+7$이라 하면
$f'(x)=12x^2-12=12(x+1)(x-1)$
$f'(x)=0$에서 $x=-1$ 또는 $x=1$
함수 $f(x)$의 증가와 감소를 표로 나타내면 다음과 같다.

| $x$ | $\cdots$ | $-1$ | $\cdots$ | $1$ | $\cdots$ |
|---|---|---|---|---|---|
| $f'(x)$ | $+$ | $0$ | $-$ | $0$ | $+$ |
| $f(x)$ | ↗ | $15$ | ↘ | $-1$ | ↗ |

곡선 $y=f(x)$는 오른쪽 그림과 같으므로
곡선 $y=f(x)$와 직선 $y=k$가 만나는 점
의 개수가 2가 되려면
$k=-1$ 또는 $k=15$
따라서 양수 $k$의 값은 15이다.

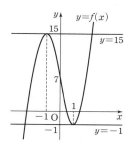

## 062 답 ④

$f(x)=x^3-3x^2-9x$라 하면
$f'(x)=3x^2-6x-9=3(x+1)(x-3)$
$f'(x)=0$에서 $x=-1$ 또는 $x=3$
함수 $f(x)$의 증가와 감소를 표로 나타내면 다음과 같다.

| $x$ | $\cdots$ | $-1$ | $\cdots$ | $3$ | $\cdots$ |
|---|---|---|---|---|---|
| $f'(x)$ | $+$ | $0$ | $-$ | $0$ | $+$ |
| $f(x)$ | ↗ | $5$ | ↘ | $-27$ | ↗ |

즉, 함수 $y=f(x)$의 그래프는 다음 그림과 같다.

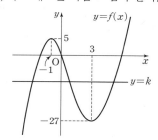

함수 $y=f(x)$의 그래프와 직선 $y=k$가 서로 다른 세 점에서 만나려
면 $k$의 값의 범위는 $-27<k<5$이어야 한다.
따라서 정수 $k$의 최댓값은 4, 최솟값은 $-26$이므로
$M=4$, $m=-26$
$\therefore M-m=4-(-26)=30$

## 063 답 ④

점 P의 시각 $t$ $(t\geq0)$에서의 속도를 $v$라 하면
$v=\dfrac{dx}{dt}=3t^2+2kt+k$
이때 시각 $t=1$에서 점 P가 운동 방향을 바꾸므로 $v=0$이다.
$0=3+2k+k$
$\therefore k=-1$

---

점 P의 시각 $t$에서의 가속도를 $a$라 하면
$a=\dfrac{dv}{dt}=6t+2k=6t-2$
따라서 시각 $t=2$에서 점 P의 가속도는
$12-2=10$

## 064 답 ①

$\displaystyle\lim_{x\to0}\dfrac{f(x)+g(x)}{x}=3$에서 $x\to0$일 때, 극한값이 존재하고
(분모) $\to0$이므로 (분자) $\to0$이어야 한다.
즉, $\displaystyle\lim_{x\to0}\{f(x)+g(x)\}=0$이어야 한다.
이때 두 다항함수 $f(x)$, $g(x)$는 연속함수이므로
$f(0)+g(0)=0$  ...... ㉠
$\displaystyle\lim_{x\to0}\dfrac{f(x)+g(x)}{x}=\lim_{x\to0}\dfrac{f(x)+g(x)-f(0)-g(0)}{x}$ $(\because ㉠)$
$\qquad=\displaystyle\lim_{x\to0}\left\{\dfrac{f(x)-f(0)}{x}+\dfrac{g(x)-g(0)}{x}\right\}$
$\qquad=f'(0)+g'(0)=3$  ...... ㉡
또한, $\displaystyle\lim_{x\to0}\dfrac{f(x)+3}{xg(x)}=2$에서 $x\to0$일 때, 극한값이 존재하고
(분모) $\to0$이므로 (분자) $\to0$이어야 한다.
즉, $\displaystyle\lim_{x\to0}\{f(x)+3\}=0$이어야 하므로
$f(0)+3=0$    $\therefore f(0)=-3$
㉠에서 $g(0)=3$이므로
$\displaystyle\lim_{x\to0}\dfrac{f(x)+3}{xg(x)}=\lim_{x\to0}\left\{\dfrac{f(x)-f(0)}{x}\times\dfrac{1}{g(x)}\right\}$
$\qquad=\dfrac{f'(0)}{g(0)}=\dfrac{f'(0)}{3}=2$
에서 $f'(0)=6$
㉡에서 $g'(0)=-3$
$h(x)=f(x)g(x)$에서
$h'(x)=f'(x)g(x)+f(x)g'(x)$
$\therefore h'(0)=f'(0)g(0)+f(0)g'(0)$
$\qquad=6\times3+(-3)\times(-3)=27$

## 065 답 ④

$f(x)=x^3+ax^2+bx+2$에서
$f'(x)=3x^2+2ax+b$
모든 실수 $x$에 대하여 $3f(x)=xf'(x)+5x^2+2x+6$을 만족시키
므로
$3(x^3+ax^2+bx+2)=x(3x^2+2ax+b)+5x^2+2x+6$
$3x^3+3ax^2+3bx+6=3x^3+(2a+5)x^2+(b+2)x+6$
$3a=2a+5$, $3b=b+2$    $\therefore a=5$, $b=1$
따라서 $f(x)=x^3+5x^2+x+2$이므로
$f(1)=1+5+1+2=9$

## 066 답 ④

$f(x)=ax^3+bx$에서

$f'(x)=3ax^2+b$

$\{f'(x)\}^2+xf(x)+c(x^2-1)=0$에서

$(3ax^2+b)^2+x(ax^3+bx)+c(x^2-1)=0$

$\therefore (9a^2+a)x^4+(6ab+b+c)x^2+b^2-c=0$

모든 실수 $x$에 대하여 위의 등식을 만족시키므로

$9a^2+a=0$ ······ ㉠

$6ab+b+c=0$ ······ ㉡

$b^2-c=0$ ······ ㉢

㉠에서

$a(9a+1)=0$　　$\therefore a=-\dfrac{1}{9}$ ($\because a\neq 0$)

$a=-\dfrac{1}{9}$을 ㉡에 대입하면

$-\dfrac{2}{3}b+b+c=0,\ \dfrac{b}{3}+c=0$

$\therefore c=-\dfrac{b}{3}$

$c=-\dfrac{b}{3}$를 ㉢에 대입하면

$b^2+\dfrac{b}{3}=0,\ b\left(b+\dfrac{1}{3}\right)=0$

$\therefore b=-\dfrac{1}{3}$ ($\because b\neq 0$), $c=\dfrac{1}{9}$

따라서 $f(x)=-\dfrac{1}{9}x^3-\dfrac{1}{3}x$이므로

$f\left(\dfrac{1}{c}\right)=f(9)=-81-3=-84$

## 067 답 ①

$\displaystyle\lim_{x\to 1}\dfrac{f(x-2)-3}{x^2-1}=5$에서 $x-2=t$라 하면 $x\to 1$일 때, $t\to -1$

이므로

$\displaystyle\lim_{x\to 1}\dfrac{f(x-2)-3}{x^2-1}=\lim_{x\to 1}\dfrac{f(x-2)-3}{(x-1)(x+1)}$

$\displaystyle\qquad\qquad =\lim_{t\to -1}\dfrac{f(t)-3}{(t+1)(t+3)}=5$ ······ ㉠

㉠에서 $t\to -1$일 때, 극한값이 존재하고 (분모) $\to 0$이므로

(분자) $\to 0$이어야 한다.

즉, $\displaystyle\lim_{t\to -1}\{f(t)-3\}=0$이어야 하므로

$f(-1)-3=0$　　$\therefore f(-1)=3$

이때 ㉠에서

$\displaystyle\lim_{t\to -1}\dfrac{f(t)-3}{(t+1)(t+3)}=\lim_{t\to -1}\left\{\dfrac{f(t)-f(-1)}{t-(-1)}\times\dfrac{1}{t+3}\right\}$

$\displaystyle\qquad\qquad =\dfrac{1}{2}f'(-1)=5$

$\therefore f'(-1)=10$

$f(-1)=3$에서

$f(-1)=-1+a-b+1=3$

$\therefore a-b=3$ ······ ㉡

$f'(x)=3x^2+2ax+b$이므로 $f'(-1)=10$에서

$f'(-1)=3-2a+b=10$

$\therefore -2a+b=7$ ······ ㉢

㉡, ㉢을 연립하여 풀면

$a=-10,\ b=-13$

따라서 $f(x)=x^3-10x^2-13x+1$이므로

$f(1)=1-10-13+1=-21$

## 068 답 ③

조건 (가)에서 극한값이 존재하므로

(분자의 차수) ≤ (분모의 차수)이어야 한다.

즉, 함수 $f(x)$의 차수를 $n$이라 하면

$3n\leq 4+n$　　$\therefore n\leq 2$

$\therefore f(x)=ax^2+bx+c$ ($a,\ b,\ c$는 상수) ······ ㉠

조건 (나)에서 $x\to 0$일 때, 극한값이 존재하고 (분모) $\to 0$이므로

(분자) $\to 0$이어야 한다.

즉, $\displaystyle\lim_{x\to 0}\{f(x)-1\}=0$이어야 하므로

$f(0)-1=0$　　$\therefore f(0)=1$

㉠에 $x=0$을 대입하면

$f(0)=c=1$

$\therefore \displaystyle\lim_{x\to 0}\dfrac{f(x)-1}{x}=\lim_{x\to 0}\dfrac{f(x)-f(0)}{x}$

$\displaystyle\qquad\qquad =f'(0)=2$

이때 $f(x)=ax^2+bx+1$에서 $f'(x)=2ax+b$이므로

$f'(0)=b=2$

$\therefore f(x)=ax^2+2x+1$

조건 (가)에서 $\displaystyle\lim_{x\to\infty}\dfrac{f(x^3)}{x^4f(x)}=\lim_{x\to\infty}\dfrac{a(x^3)^2+2x^3+1}{x^4(ax^2+2x+1)}$이고,

$f(1)=a+3$이므로

$\displaystyle\lim_{x\to\infty}\dfrac{ax^6+2x^3+1}{ax^6+2x^5+x^4}=a+3$ ······ ㉡

㉡에서

(i) $a=0$이면

$a+3=0$

$\therefore a=-3$

그런데 $a=0$이면서 $a=-3$일 수 없으므로 모순이다.

(ii) $a\neq 0$이면

$1=a+3$

$\therefore a=-2$

(i), (ii)에서 $f(x)=-2x^2+2x+1$이므로

$f(2)=-8+4+1=-3$

## 069 답 ④

조건 (가)에 의하여 $f(0)-g(0)=0,\ f'(0)-g'(0)=0$이므로

방정식 $f(x)-g(x)=0$은 $x=0$을 중근으로 갖는다.

방정식 $f(x)-g(x)=0$의 다른 한 근을 $\alpha$라 하면

$f(x)-g(x)=x^2(x-\alpha)$ ······ ㉠

㉠의 양변을 $x$에 대하여 미분하면

$f'(x)-g'(x)=2x(x-a)+x^2$

조건 (나)에 의하여 $f'(k)-g'(k)=0$이므로

$f'(k)-g'(k)=2k(k-a)+k^2=0$

$k\neq0$이므로 $2k-2a+k=0$에서

$a=\dfrac{3k}{2}$

$a=\dfrac{3k}{2}$를 ㉠에 대입하면

$f(x)-g(x)=x^2\left(x-\dfrac{3k}{2}\right)$ ...... ㉡

또한, $g'(0)=-4$, $g'(k)=4$이므로 $x=\dfrac{0+k}{2}=\dfrac{k}{2}$에서 $g(x)$는 극값을 갖는다.

즉, 이차함수 $y=g(x)$의 그래프의 축의 방정식은

$x=\dfrac{k}{2}$

이므로 $g(x)=2\left(x-\dfrac{k}{2}\right)^2+p$ ($p$는 상수)라 하면

$g'(x)=4\left(x-\dfrac{k}{2}\right)$

$g'(0)=4\left(0-\dfrac{k}{2}\right)$

$\qquad=-2k$

$\qquad=-4$

$\therefore k=2$

따라서 ㉡에서 $f(x)-g(x)=x^2(x-3)$이므로

$f(k)-g(k)=f(2)-g(2)$

$\qquad\qquad=4\times(-1)$

$\qquad\qquad=-4$


## 070 답 ②

$p(x)$가 상수가 아닌 다항식이므로 함수 $y=p(x)$는 실수 전체의 집합에서 정의되는 일차 이상의 다항함수이다.

즉, 함수 $y=p(x)$는 실수 전체의 집합에서 연속이고 미분가능하다.

ㄱ. 함수 $p(x)f(x)$가 실수 전체의 집합에서 연속이면 $x=0$에서도 연속이므로

$\displaystyle\lim_{x\to0+}p(x)f(x)=\lim_{x\to0-}p(x)f(x)=p(0)f(0)$

이다.

$\displaystyle\lim_{x\to0+}p(x)f(x)=\lim_{x\to0+}\{p(x)\times(x-1)\}$

$\qquad\qquad\qquad\qquad=-p(0)$

$\displaystyle\lim_{x\to0-}p(x)f(x)=\lim_{x\to0-}\{p(x)\times(-x)\}$

$\qquad\qquad\qquad\qquad=p(0)\times0=0$

$p(0)f(0)=p(0)\times0=0$

에서 $-p(0)=0$

$\therefore p(0)=0$ (참)

ㄴ. 함수 $p(x)f(x)$가 실수 전체의 집합에서 미분가능하면 $x=2$에서도 미분가능하므로

$\displaystyle\lim_{x\to2+}\frac{p(x)f(x)-p(2)f(2)}{x-2}=\lim_{x\to2-}\frac{p(x)f(x)-p(2)f(2)}{x-2}$

이다.

$\displaystyle\lim_{x\to2+}\frac{p(x)f(x)-p(2)f(2)}{x-2}$

$\displaystyle=\lim_{x\to2+}\frac{p(x)(2x-3)-p(2)}{x-2}$

$\displaystyle=\lim_{x\to2+}\frac{2p(x)(x-2)+p(x)-p(2)}{x-2}$

$\displaystyle=\lim_{x\to2+}\left\{\frac{2p(x)(x-2)}{x-2}+\frac{p(x)-p(2)}{x-2}\right\}$

$\displaystyle=\lim_{x\to2+}2p(x)+\lim_{x\to2+}\frac{p(x)-p(2)}{x-2}$

$=2p(2)+p'(2)$

$\displaystyle\lim_{x\to2-}\frac{p(x)f(x)-p(2)f(2)}{x-2}$

$\displaystyle=\lim_{x\to2-}\frac{p(x)(x-1)-p(2)}{x-2}$

$\displaystyle=\lim_{x\to2-}\frac{p(x)(x-2)+p(x)-p(2)}{x-2}$

$\displaystyle=\lim_{x\to2-}\left\{\frac{p(x)(x-2)}{x-2}+\frac{p(x)-p(2)}{x-2}\right\}$

$\displaystyle=\lim_{x\to2-}p(x)+\lim_{x\to2-}\frac{p(x)-p(2)}{x-2}$

$=p(2)+p'(2)$

즉, $2p(2)+p'(2)=p(2)+p'(2)$에서

$p(2)=0$ (참)

ㄷ. [반례] $p(x)=x^2(x-2)$라 하면

$p(x)\{f(x)\}^2=\begin{cases}x^4(x-2) & (x\le0)\\ x^2(x-1)^2(x-2) & (0<x\le2)\\ x^2(2x-3)^2(x-2) & (x>2)\end{cases}$

즉, 함수 $p(x)\{f(x)\}^2$은 $x=0$, $x=2$에서 연속이므로 실수 전체의 집합에서 연속이다.

함수 $p(x)\{f(x)\}^2$이 $x=0$, $x=2$에서 미분가능하면 실수 전체의 집합에서 미분가능하다.

$\displaystyle\lim_{x\to0+}\frac{p(x)\{f(x)\}^2-p(0)\{f(0)\}^2}{x}=\lim_{x\to0+}\frac{x^2(x-1)^2(x-2)}{x}$

$\displaystyle\qquad\qquad\qquad\qquad=\lim_{x\to0+}x(x-1)^2(x-2)$

$\displaystyle\qquad\qquad\qquad\qquad=0$

$\displaystyle\lim_{x\to0-}\frac{p(x)\{f(x)\}^2-p(0)\{f(0)\}^2}{x}=\lim_{x\to0-}\frac{x^4(x-2)}{x}$

$\displaystyle\qquad\qquad\qquad\qquad=\lim_{x\to0-}x^3(x-2)=0$

이므로 함수 $p(x)\{f(x)\}^2$은 $x=0$에서 미분가능하고

$\displaystyle\lim_{x\to2+}\frac{p(x)\{f(x)\}^2-p(2)\{f(2)\}^2}{x-2}$

$\displaystyle=\lim_{x\to2+}\frac{x^2(2x-3)^2(x-2)}{x-2}$

$\displaystyle=\lim_{x\to2+}x^2(2x-3)^2$

$=4$

$\displaystyle\lim_{x\to2-}\frac{p(x)\{f(x)\}^2-p(2)\{f(2)\}^2}{x-2}$

$\displaystyle=\lim_{x\to2-}\frac{x^2(x-1)^2(x-2)}{x-2}$

$\displaystyle=\lim_{x\to2-}x^2(x-1)^2$

$=4$

이므로 함수 $p(x)\{f(x)\}^2$은 $x=2$에서도 미분가능하다.

그러나 $p(x)$는 $x^2(x-2)^2$으로 나누어떨어지지 않는다. (거짓)

따라서 옳은 것은 ㄱ, ㄴ이다.

## 071 답 ③

ㄱ. $\displaystyle\lim_{x\to1+}f(x)=\lim_{x\to1+}(4-3x)=1$,

$\displaystyle\lim_{x\to1-}f(x)=\lim_{x\to1-}(2-x^3)=1$,

$f(1)=1$이므로 함수 $f(x)$는 $x=1$에서 연속이다.

$$\lim_{x\to1+}\frac{f(x)-f(1)}{x-1}=\lim_{x\to1+}\frac{(4-3x)-1}{x-1}$$
$$=-\lim_{x\to1+}\frac{3(x-1)}{x-1}$$
$$=-\lim_{x\to1+}3=-3$$

$$\lim_{x\to1-}\frac{f(x)-f(1)}{x-1}=\lim_{x\to1-}\frac{(2-x^3)-1}{x-1}$$
$$=-\lim_{x\to1-}\frac{(x-1)(x^2+x+1)}{x-1}$$
$$=-\lim_{x\to1-}(x^2+x+1)=-3$$

이므로 함수 $f(x)$는 $x=1$에서 미분가능하다. (참)

ㄴ. $\displaystyle\lim_{x\to0+}|f(x)|=\lim_{x\to0+}|2-x^3|=2$,

$\displaystyle\lim_{x\to0-}|f(x)|=\lim_{x\to0-}|x^2-2|=2$,

$|f(0)|=2$이므로 함수 $|f(0)|$는 $x=0$에서 연속이다.

$$\lim_{x\to0+}\frac{|f(x)|-|f(0)|}{x}=\lim_{x\to0+}\frac{|2-x^3|-2}{x}$$
$$=\lim_{x\to0+}\frac{(2-x^3)-2}{x}$$
$$=-\lim_{x\to0+}x^2$$
$$=0$$

$$\lim_{x\to0-}\frac{|f(x)|-|f(0)|}{x}=\lim_{x\to0-}\frac{|x^2-2|-2}{x}$$
$$=\lim_{x\to0-}\frac{-(x^2-2)-2}{x}$$
$$=-\lim_{x\to0-}x=0$$

이므로 함수 $|f(x)|$는 $x=0$에서 미분가능하다. (참)

ㄷ. $f(x)=\begin{cases}x^2-2 & (x<0)\\2-x^3 & (0\le x<1)\\4-3x & (x\ge1)\end{cases}$에서

$f(-x)=\begin{cases}(-x)^2-2 & (-x<0)\\2-(-x)^3 & (0\le -x<1)\\4-3\times(-x) & (-x\ge1)\end{cases}$

$=\begin{cases}3x+4 & (x\le-1)\\x^3+2 & (-1<x\le0)\\x^2-2 & (x>0)\end{cases}$

이므로 $g(x)=f(x)+f(-x)$라 하면

$-1<x<0$일 때, $g(x)=(x^2-2)+(x^3+2)=x^3+x^2$

$x=0$일 때, $g(x)=(2-x^3)+(x^3+2)=4$

$0<x<1$일 때, $g(x)=(2-x^3)+(x^2-2)=-x^3+x^2$

즉, $\displaystyle\lim_{x\to0+}g(x)=0$, $\displaystyle\lim_{x\to0-}g(x)=0$, $g(0)=4$

$\therefore \displaystyle\lim_{x\to0}g(x)\ne g(0)$

따라서 함수 $f(x)$는 $x=0$에서 불연속이므로 미분가능하지 않다. (거짓)

따라서 옳은 것은 ㄱ, ㄴ이다.

## 072 답 ④

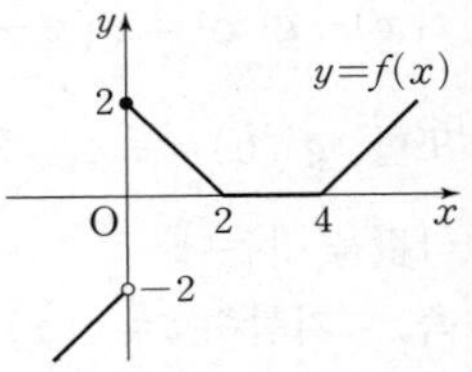

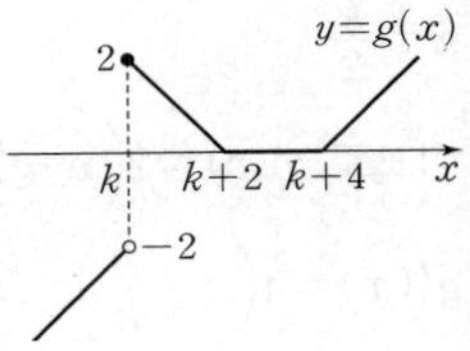

함수 $y=f(x)$의 그래프는 $x=0$에서만 불연속이고, 함수 $y=g(x)$의 그래프는 함수 $y=f(x)$의 그래프를 $x$축의 방향으로 $k$만큼 평행이동한 것이므로 함수 $g(x)$는 $x=k$에서만 불연속이다.

또한, 함수 $y=g(x)$의 그래프는 오른쪽 그림과 같다.

$k\ne0$일 때, $g(x)=f(x-k)$이므로 함수 $g(x)$는 $x=0$에서 연속이다.

ㄱ. $k=-2$일 때, $g(x)=f(x+2)$이므로

$g(x)=\begin{cases}x & (x<-2)\\-x & (-2\le x<0)\\0 & (0\le x<2)\\x-2 & (x\ge2)\end{cases}$

이때 $\displaystyle\lim_{x\to0+}g(x)=\lim_{x\to0+}0=0$,

$\displaystyle\lim_{x\to0-}g(x)=-\lim_{x\to0-}x=0$,

$g(0)=0$이므로 $\displaystyle\lim_{x\to0}g(x)=g(0)$이다. (참)

ㄴ. $\displaystyle\lim_{x\to0+}\{f(x)+g(x)\}=\lim_{x\to0+}\{f(x)+f(x-k)\}$
$$=2+f(-k)$$

$\displaystyle\lim_{x\to0-}\{f(x)+g(x)\}=\lim_{x\to0-}\{f(x)+f(x-k)\}$
$$=-2+f(-k)$$

$f(0)+g(0)=2+f(-k)$

이므로 함수 $f(x)+g(x)$는 $x=0$에서 불연속이다.

$k=0$일 때, 함수 $g(x)=f(x)$이므로

$f(x)+g(x)=2f(x)$

즉, $f(x)+g(x)$는 $x=0$에서 불연속이다.

따라서 모든 정수 $k$에 대하여 함수 $f(x)+g(x)$는 $x=0$에서 불연속이다. (거짓)

ㄷ. 함수 $f(x)g(x)$가 $x=0$에서 미분가능하기 위해서는 함수 $f(x)g(x)$가 $x=0$에서 연속이어야 한다.

$\displaystyle\lim_{x\to0+}f(x)g(x)=2\lim_{x\to0+}g(x)$,

$\displaystyle\lim_{x\to0-}f(x)g(x)=-2\lim_{x\to0-}g(x)$,

$f(0)g(0)=2g(0)$

에서

$2\displaystyle\lim_{x\to0+}g(x)=-2\lim_{x\to0-}g(x)=2g(0)$ ...... ㉠

(i) $k\ne0$인 경우

함수 $g(x)$는 $x=0$에서 연속이므로 ㉠이 성립하려면

$\displaystyle\lim_{x\to0}g(x)=g(0)=0$이어야 한다.

즉, 함수 $f(x)g(x)$가 $x=0$에서 연속이 되도록 하는 정수 $k$의 값은

$-2, -3, -4$

$k=-2$일 때,

$$\lim_{x \to 0+} \frac{f(x)g(x)-f(0)g(0)}{x} = \lim_{x \to 0+} \frac{(2-x) \times 0 - 0}{x} = 0$$

$$\lim_{x \to 0-} \frac{f(x)g(x)-f(0)g(0)}{x} = \lim_{x \to 0-} \frac{(x-2) \times (-x) - 0}{x}$$
$$= -\lim_{x \to 0-}(x-2) = 2$$

이므로 함수 $f(x)g(x)$는 $x=0$에서 미분가능하지 않다.

$k=-3$일 때,

$$\lim_{x \to 0+} \frac{f(x)g(x)-f(0)g(0)}{x} = \lim_{x \to 0+} \frac{(2-x) \times 0}{x} = 0$$

$$\lim_{x \to 0-} \frac{f(x)g(x)-f(0)g(0)}{x} = \lim_{x \to 0-} \frac{(x-2) \times 0 - 0}{x} = 0$$

이므로 함수 $f(x)g(x)$는 $x=0$에서 미분가능하다.

$k=-4$일 때

$$\lim_{x \to 0+} \frac{f(x)g(x)-f(0)g(0)}{x} = \lim_{x \to 0+} \frac{(2-x) \times x}{x}$$
$$= -\lim_{x \to 0+}(x-2) = 2$$

$$\lim_{x \to 0-} \frac{f(x)g(x)-f(0)g(0)}{x} = \lim_{x \to 0-} \frac{(2-x) \times 0}{x} = 0$$

이므로 함수 $f(x)g(x)$는 $x=0$에서 미분가능하지 않다.

(ii) $k=0$인 경우

㉠에서

$$2\lim_{x \to 0+} g(x) = -2 \lim_{x \to 0-} g(x) = 2g(0) = 4$$

이므로 함수 $f(x)g(x)$는 $x=0$에서 연속이다.

$f(x)=g(x)$이므로

$$\lim_{x \to 0+} \frac{f(x)g(x)-f(0)g(0)}{x} = \lim_{x \to 0+} \frac{(2-x)^2 - 2^2}{x}$$
$$= \lim_{x \to 0+} \frac{x(x-4)}{x} = -4$$

$$\lim_{x \to 0-} \frac{f(x)g(x)-f(0)g(0)}{x} = \lim_{x \to 0-} \frac{(x-2)^2 - 2^2}{x}$$
$$= \lim_{x \to 0-} \frac{x(x-4)}{x} = -4$$

즉, 함수 $f(x)g(x)$는 $x=0$에서 미분가능하다.

(i), (ii)에서 함수 $f(x)g(x)$는 $k=-3$, $k=0$일 때 미분가능하므로 구하는 모든 정수 $k$의 개수는 2이다. (참)

따라서 옳은 것은 ㄱ, ㄷ이다.

**073** 답 ⑤

점 $(0, 0)$은 곡선 $y=f(x)$ 위의 점이므로 $f(0)=0$

곡선 $y=f(x)$ 위의 점 $(0, 0)$에서의 접선의 방정식은

$y=f'(0)x$  ······ ㉠

점 $(1, 2)$는 곡선 $y=xf(x)$ 위의 점이므로

$f(1)=2$

$y=xf(x)$에서 $y'=f(x)+xf'(x)$이므로 곡선 $y=xf(x)$ 위의 점 $(1, 2)$에서의 접선의 방정식은

$y-2=\{f(1)+f'(1)\}(x-1)$

$\therefore y=\{f'(1)+2\}x-f'(1)$  ······ ㉡

이때 두 접선 ㉠, ㉡이 일치하므로 두 접선의 기울기와 $y$절편은 각각 서로 같다.

즉, $f'(0)=f'(1)+2$, $f'(1)=0$에서 $f'(1)=0$을 $f'(0)=f'(1)+2$에 대입하여 정리하면

$f'(0)=2$

한편, $f(0)=0$이므로 $f(x)=ax^3+bx^2+cx$ ($a$, $b$, $c$는 상수)라 하면

$f'(x)=3ax^2+2bx+c$

$f'(0)=2$이므로 $f'(0)=0+0+c=2$

$\therefore c=2$

$f'(1)=0$이므로 $f'(1)=3a+2b+2=0$

$\therefore 3a+2b=-2$  ······ ㉢

이때 $f(1)=2$이므로 $f(1)=a+b+2=2$

$\therefore a+b=0$  ······ ㉣

㉢, ㉣을 연립하여 풀면

$a=-2$, $b=2$

따라서 $f(x)=-2x^3+2x^2+2x$이므로

$f'(x)=-6x^2+4x+2$

$\therefore f'(2)=-24+8+2=-14$

**074** 답 ⑤

$f(x)=x^3+3x+a$에서 $f'(x)=3x^2+3$

이때 $f(1)=1+3+a=a+4$, $f'(1)=6$이므로 곡선 $y=f(x)$ 위의 점 $A(1, f(1))$에서의 접선의 방정식은

$y-(a+4)=6(x-1)$  $\therefore y=6x+a-2$

한편, $g(x)=x^2+bx+c$에서 $g'(x)=2x+b$

이때 곡선 $y=g(x)$가 직선 $y=6x+a-2$와 점 $A(1, a+4)$에서 접하므로

$g(1)=1+b+c=a+4$, $g'(1)=2+b=6$

$\therefore b=4$, $a-c=1$

$\therefore a+b-c=(a-c)+b=1+4=5$

**075** 답 ③

$f(x)=x^3-4x^2+ax+1$에서

$f'(x)=3x^2-8x+a$

곡선 $y=f(x)$ 위의 점 $(2, f(2))$, 즉, $(2, 2a-7)$에서의 접선의 기울기는

$f'(2)=a-4$

이므로 접선의 방정식은

$y-(2a-7)=(a-4)(x-2)$  $\therefore y=(a-4)x+1$

이 식에 $x=0$을 대입하면 $y=1$

이 식에 $y=0$을 대입하면

$0=(a-4)x+1$  $\therefore x=\dfrac{1}{4-a}$

이 직선이 $x$축, $y$축과 만나는 점 P, Q는

$P\left(\dfrac{1}{4-a}, 0\right)$, $Q(0, 1)$

이때 $\overline{PQ}=\sqrt{2}$이므로

$\sqrt{\left(\dfrac{1}{4-a}-0\right)^2+(0-1)^2}=\sqrt{2}$

$\left(\dfrac{1}{4-a}\right)^2+1=2$, $\left(\dfrac{1}{4-a}\right)^2=1$

$(4-a)^2=1$, $4-a=\pm 1$

따라서 $a=3$ 또는 $a=5$이므로 그 합은

$3+5=8$

## 076  답 ④

$y=x^2$에서 $y'=2x$

곡선 $y=x^2$ 위의 점 $A(1, 1)$에서의 접선의 기울기가 2이므로 직선 $l$의 기울기는 $-\dfrac{1}{2}$이다. 즉, 직선 $l$의 방정식은

$y-1=-\dfrac{1}{2}(x-1)$

$\therefore y=-\dfrac{1}{2}x+\dfrac{3}{2}$

곡선 $y=x^2$ 위의 점 $B(a, a^2)$에서의 접선의 기울기가 $2a$이므로 직선 $m$의 기울기는 $-\dfrac{1}{2a}$이다.

즉, 직선 $m$의 방정식은

$y-a^2=-\dfrac{1}{2a}(x-a)$

$\therefore y=-\dfrac{1}{2a}x+a^2+\dfrac{1}{2}$

이때 두 직선 $l$, $m$이 만나는 점의 $x$좌표는

$-\dfrac{1}{2}x+\dfrac{3}{2}=-\dfrac{1}{2a}x+a^2+\dfrac{1}{2}$에서

$\left(\dfrac{1}{2a}-\dfrac{1}{2}\right)x=a^2-1$

$\therefore x=-2a(a+1)$ (단, $a\neq 1$)

따라서 $f(a)=-2a(a+1)$ $(a\neq 1)$이므로

$\displaystyle\lim_{a\to 1}f(a)=\lim_{a\to 1}\{-2a(a+1)\}$

$\qquad\qquad\quad =(-2)\times 1\times 2$

$\qquad\qquad\quad =-4$

## 077  답 37

$\displaystyle\sum_{k=1}^{30}f(k)$에서 $k>0$일 때, 함수 $y=x^3$의 그래프와 직선 $y=k(x-2)$는 제3사분면에서 반드시 1개의 교점을 갖는다.

$y=x^3$에서 $y'=3x^2$

함수 $y=x^3$의 그래프와 직선 $y=k(x-2)$가 접하는 경우 그 접점의 좌표를 $(t, t^3)$이라 하면 접선의 기울기는 $3t^2$이므로 접선의 방정식은

$y-t^3=3t^2(x-t)$

이 접선이 점 $(2, 0)$을 지나므로

$-t^3=3t^2(2-t)$

$2t^3-6t^2=0$, $2t^2(t-3)=0$

$\therefore t=3$ ($\because t>0$)

즉, $t=3$일 때, 접선의 기울기가 27이므로

$k<27$일 때, $f(k)=1$

$k=27$일 때, $f(k)=2$

$k>27$일 때, $f(k)=3$

$\therefore \displaystyle\sum_{k=1}^{30}f(k)=1\times 26+2\times 1+3\times 3=37$

## 078  답 ④

두 점 P, Q의 좌표를 각각 $P(x_1, y_1)$, $Q(x_2, y_2)$ $(x_1\neq x_2)$라 하자.

$y'=3x^2-6x+3$이고, 두 점 P, Q에서의 접선이 서로 평행하므로 접선의 기울기를 $m$이라 하면

$3x_1^2-6x_1+3=m$, $3x_2^2-6x_2+3=m$

즉, $x_1$, $x_2$는 이차방정식 $3x^2-6x+3-m=0$의 두 근이므로 이차방정식의 근과 계수의 관계에 의하여

$x_1+x_2=\dfrac{6}{3}=2$ $\qquad\therefore a=\dfrac{x_1+x_2}{2}=\dfrac{2}{2}=1$

또한, $x_1x_2=\dfrac{3}{3}=1$이므로

$y_1+y_2=(x_1^3-3x_1^2+3x_1+2)+(x_2^3-3x_2^2+3x_2+2)$

$\qquad\quad =(x_1+x_2)^3-3x_1x_2(x_1+x_2)-3(x_1+x_2)^2$

$\qquad\qquad\qquad\qquad\qquad +6x_1x_2+3(x_1+x_2)+4$

$\qquad\quad =2^3-3\times 1\times 2-3\times 2^2+6\times 1+3\times 2+4=6$

$\therefore b=\dfrac{y_1+y_2}{2}=\dfrac{6}{2}=3$

$\therefore a+b=1+3=4$

## 079  답 ④

$f(x)=x^2+2x+4$라 하면 $f'(x)=2x+2$

접점 A의 좌표를 $(\alpha, \alpha^2+2\alpha+4)$라 하면 접선의 기울기는

$f'(\alpha)=2\alpha+2$

이므로 접선의 방정식은

$y-(\alpha^2+2\alpha+4)=(2\alpha+2)(x-\alpha)$

$\therefore y=2(\alpha+1)x-\alpha^2+4$ $\qquad\cdots\cdots$ ㉠

같은 방법으로 접점 B의 좌표를 $(\beta, \beta^2+2\beta+4)$라 하면 접선의 방정식은

$y=2(\beta+1)x-\beta^2+4$ $\qquad\cdots\cdots$ ㉡

두 접선은 모두 점 $(a, -a)$를 지나므로 ㉠, ㉡에서

$-a=2(\alpha+1)a-\alpha^2+4$,

$-a=2(\beta+1)a-\beta^2+4$

$\alpha$, $\beta$는 이차방정식 $-a=2(x+1)a-x^2+4$, 즉

$x^2-2ax-3a-4=0$의 두 근이므로 이차방정식의 근과 계수의 관계에 의하여

$\alpha+\beta=2a$, $\alpha\beta=-3a-4$ $\qquad\cdots\cdots$ ㉢

이때 직선 AB의 방정식은

$y-(\alpha^2+2\alpha+4)=\dfrac{f(\beta)-f(\alpha)}{\beta-\alpha}(x-\alpha)$

$$y-(a^2+2a+4)=\dfrac{(\beta^2-a^2)+2(\beta-a)}{\beta-a}(x-a)$$

$$y-(a^2+2a+4)=(a+\beta+2)(x-a)$$

$$y=(a+\beta+2)x-a\beta+4$$

$$y=(2a+2)x+3a+8\ (\because \text{ⓒ})$$

$$\therefore y=a(2x+3)+2x+8$$

즉, 직선 AB는 $a$의 값에 관계없이 항상 점 $\left(-\dfrac{3}{2},\ 5\right)$를 지난다.

따라서 $p=-\dfrac{3}{2},\ q=5$이므로

$$p+q=-\dfrac{3}{2}+5=\dfrac{7}{2}$$

## 080 답 ②

최고차항의 계수가 $a$인 이차함수 $f(x)$가 최솟값 $f(0)$을 가지므로 $a>0$이고, 함수 $y=f(x)$의 그래프의 대칭축이 직선 $x=0$이므로
$$f(x)=ax^2+b\ (a>0)$$
이라 할 수 있다.

$f'(x)=2ax$이므로

$|f'(x)|\le 2x^2+4x+8$에서

$|2ax|\le 2x^2+4x+8\ \cdots\cdots$ ㉠

㉠이 모든 실수 $x$에 대하여 성립해야 하므로 두 함수 $y=2a|x|$,
$y=2x^2+4x+8$의 그래프는 오른쪽 그림과 같아야 한다.

즉, 원점에서 곡선 $y=2x^2+4x+8$에 그은 접선이 제2사분면에서 접할 때, 즉 $y=-2ax$일 때, 실수 $a$가 최댓값을 갖는다.

접점의 좌표를 $(k,\ 2k^2+4k+8)\ (k<0)$이라 하면
$y=2x^2+4x+8$에서 $y'=4x+4$이므로 접선의 방정식은
$$y-(2k^2+4k+8)=(4k+4)(x-k)$$
위의 직선이 원점을 지나므로
$$-(2k^2+4k+8)=(4k+4)\times(-k)$$
$$2k^2-8=0,\ 2(k+2)(k-2)=0$$
$$\therefore k=-2\ (\because k<0)$$
접선의 기울기는 $4\times(-2)+4=-4$이므로
$-2a=-4$에서 $a=2$

따라서 실수 $a$의 최댓값은 2이다.

**다른 풀이**

이차방정식 $2x^2+4x+8=-2ax$의 판별식을 이용하여 $|a|$의 값을 구할 수도 있다.

이차방정식 $2x^2+(2a+4)x+8=0$의 판별식을 $D$라 하면
$D=0$이어야 하므로
$$\dfrac{D}{4}=(a+2)^2-2\times 8=0$$
$$a^2+4a-12=0,\ a^2+4a-12=0$$
$$(a+6)(a-2)=0$$
$$\therefore a=2\ (\because a>0)$$

## 081 답 ⑤

조건 (나)에서 $x\to -1$일 때, 극한값이 존재하고 (분모) $\to 0$이므로 (분자) $\to 0$이어야 한다.

즉, $\displaystyle\lim_{x\to -1}\{f(x)-g(x)\}=0$이어야 한다.

$$f(-1)-g(-1)=0$$
$$\therefore f(-1)=g(-1)$$

조건 (가)에 $x=-1$을 대입하면
$g(-1)=2f(-1)-2$에서
$$f(-1)=g(-1)=2$$

또한, 조건 (나)에서
$$\lim_{x\to -1}\dfrac{\{f(x)-f(-1)\}-\{g(x)-g(-1)\}}{x+1}$$
$$=\lim_{x\to -1}\dfrac{f(x)-f(-1)}{x+1}-\lim_{x\to -1}\dfrac{g(x)-g(-1)}{x+1}$$
$$=f'(-1)-g'(-1)=5\ \cdots\cdots$$ ㉠

조건 (가)의 양변을 $x$에 대하여 미분하면
$$g'(x)=4xf(x)+2x^2f'(x)$$
위의 식의 양변에 $x=-1$을 대입하면
$$g'(-1)=-4f(-1)+2f'(-1)$$
$$=2f'(-1)-8\ \cdots\cdots$$ ㉡

㉠, ㉡에서 $f'(-1)=3,\ g'(-1)=-2$

이때 곡선 $y=f(x)$ 위의 점 $(-1,\ f(-1))$에서의 접선의 방정식은
$$y-2=3(x+1)$$
$$\therefore y=3x+5$$

곡선 $y=g(x)$ 위의 점 $(-1,\ g(-1))$에서의 접선의 방정식은
$$y-2=-2(x+1)\qquad\therefore y=-2x$$

따라서 두 접선의 $x$절편이 각각 $-\dfrac{5}{3},\ 0$이고 두 접선은

점 $(-1,\ 2)$에서 만나므로 두 접선과 $x$축으로 둘러싸인 부분인 삼각형의 넓이는

$$\dfrac{1}{2}\times\dfrac{5}{3}\times 2=\dfrac{5}{3}$$

## 082 답 ②

$g(x)=x^3-3x^2+p$라 하면
$$g'(x)=3x^2-6x=3x(x-2)$$
$g'(x)=0$에서 $x=0$ 또는 $x=2$

함수 $g(x)$의 증가와 감소를 표로 나타내면 다음과 같다.

| $x$ | $\cdots$ | $0$ | $\cdots$ | $2$ | $\cdots$ |
|---|---|---|---|---|---|
| $g'(x)$ | $+$ | $0$ | $-$ | $0$ | $+$ |
| $g(x)$ | ↗ | $p$ | ↘ | $p-4$ | ↗ |

즉, 함수 $y=g(x)$의 그래프의 개형은 다음 그림과 같다.

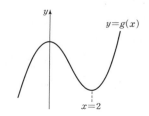

함수 $f(x)$, 즉 $|g(x)|$가 극대인 $x$의 값이 2개이고 극댓값 2개가 서로 같으려면 함수 $y=g(x)$의 그래프의 개형에 따른 함수 $y=f(x)$의 그래프의 개형은 오른쪽 그림과 같아야 한다.

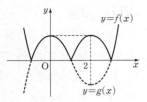

즉, $g(0)>0$, $g(2)<0$이고, $f(0)=f(2)$이어야 하므로 $p>0$, $p-4<0$이고, $|p|=|p-4|$이어야 한다.
따라서 $|p|=|p-4|$에서 $p=-p+4$이므로
$2p=4$　　∴ $p=2$

## 083　답 ④

함수 $g(x)$가 실수 전체의 집합에서 미분가능하므로 함수 $g(x)$는 $x=3$에서 연속이고 미분가능하다.
(i) 함수 $g(x)$가 $x=3$에서 연속이므로
　$\lim\limits_{x\to3+}g(x)=\lim\limits_{x\to3-}g(x)=g(3)$이어야 한다.
　이때 $\lim\limits_{x\to3+}g(x)=\lim\limits_{x\to3+}\{-f(x)\}=-f(3)$,
　$\lim\limits_{x\to3-}g(x)=\lim\limits_{x\to3-}\{f(x)+b\}=f(3)+b$,
　$g(3)=-f(3)$에서
　$-f(3)=f(3)+b$
　∴ $b=-2f(3)=-2\times(27-27+3a+1)$
　　　$=-6a-2$　……　㉠
(ii) 함수 $g(x)$가 $x=3$에서 미분가능하므로
　$\lim\limits_{x\to3+}\dfrac{g(x)-g(3)}{x-3}=\lim\limits_{x\to3-}\dfrac{g(x)-g(3)}{x-3}$
　이어야 한다.
　$\lim\limits_{x\to3+}\dfrac{g(x)-g(3)}{x-3}=\lim\limits_{x\to3+}\dfrac{-f(x)+f(3)}{x-3}$
　　　　　　　　　　　$=-\lim\limits_{x\to3+}\dfrac{f(x)-f(3)}{x-3}$
　　　　　　　　　　　$=-f'(3)$
　$\lim\limits_{x\to3-}\dfrac{g(x)-g(3)}{x-3}=\lim\limits_{x\to3-}\dfrac{f(x)+b+f(3)}{x-3}$
　에서 $x\to3-$일 때, 극한값이 존재해야 하고 (분모) $\to0$이므로 (분자) $\to0$이어야 한다.
　즉, $\lim\limits_{x\to3-}\{f(x)+b+f(3)\}=0$이어야 한다.
　$f(3)+b+f(3)=0$　　∴ $b=-2f(3)$
　∴ $\lim\limits_{x\to3-}\dfrac{f(x)+b+f(3)}{x-3}=\lim\limits_{x\to3-}\dfrac{f(x)-f(3)}{x-3}=f'(3)$
　즉, $-f'(3)=f'(3)$이어야 하므로 $2f'(3)=0$
　∴ $f'(3)=0$
　$f(x)=x^3-3x^2+ax+1$에서
　$f'(x)=3x^2-6x+a$이므로
　$f'(3)=27-18+a=0$　　∴ $a=-9$
　$a=-9$를 ㉠에 대입하면 $b=52$
(i), (ii)에서 $f(x)=x^3-3x^2-9x+1$이므로
$f'(x)=3x^2-6x-9=3(x+1)(x-3)$
$f'(x)=0$에서 $x=-1$ 또는 $x=3$

또한, $g(x)=\begin{cases}f(x)+52 & (x<3)\\ -f(x) & (x\geq3)\end{cases}$에서

$g'(x)=\begin{cases}f'(x) & (x<3)\\ -f'(x) & (x>3)\end{cases}$

이므로 함수 $g(x)$의 증가와 감소를 표로 나타내면 다음과 같다.

| $x$ | $\cdots$ | $-1$ | $\cdots$ | $3$ | $\cdots$ |
|---|---|---|---|---|---|
| $g'(x)$ | $+$ | $0$ | $-$ | | $-$ |
| $g(x)$ | ↗ | 극대 | ↘ | | ↘ |

즉, 함수 $g(x)$는 $x=-1$에서 극댓값 $g(-1)=f(-1)+52=6+52=58$을 갖는다.

## 084　답 ③

주어진 그래프에서 $f(x)=ax(x+1)(x-2)$ $(a>0)$이라 할 수 있다.
$y=\{f(x)\}^2$에서 $y'=2f(x)f'(x)$이므로 함수 $y=\{f(x)\}^2$이 극값을 갖는 $x$의 값은 $f(x)=0$ 또는 $f'(x)=0$의 근이다.
$f(x)=0$에서 $x=-1$ 또는 $x=0$ 또는 $x=2$
이차방정식 $f'(x)=a(3x^2-2x-2)=0$의 두 근을 $\alpha$, $\beta$ $(-1<\alpha<0<\beta<2)$
라 하면 이차방정식의 근과 계수의 관계에 의하여
$\alpha+\beta=\dfrac{2}{3}$
함수 $\{f(x)\}^2$의 증가와 감소를 표로 나타내면 다음과 같다.

| $x$ | $\cdots$ | $-1$ | $\cdots$ | $\alpha$ | $\cdots$ | $0$ | $\cdots$ | $\beta$ | $\cdots$ | $2$ | $\cdots$ |
|---|---|---|---|---|---|---|---|---|---|---|---|
| $f'(x)$ | $+$ | $+$ | $+$ | $0$ | $-$ | $-$ | $-$ | $0$ | $+$ | $+$ | $+$ |
| $f(x)$ | $-$ | $0$ | $+$ | $+$ | $+$ | $0$ | $-$ | $-$ | $-$ | $0$ | $+$ |
| $2f(x)f'(x)$ | $-$ | $0$ | $+$ | $0$ | $-$ | $0$ | $+$ | $0$ | $-$ | $0$ | $+$ |
| $\{f(x)\}^2$ | ↘ | 극소 | ↗ | 극대 | ↘ | 극소 | ↗ | 극대 | ↘ | 극소 | ↗ |

따라서 함수 $\{f(x)\}^2$이 극값을 갖는 모든 $x$의 값은 $-1$, $\alpha$, $0$, $\beta$, $2$이고 그 합은
$-1+0+2+\alpha+\beta=1+\dfrac{2}{3}=\dfrac{5}{3}$

## 085　답 54

함수 $f(x)$가 실수 전체에서 미분가능하므로 함수 $f(x)$는 $x=0$, $x=b$에서 연속이고 미분가능하다.
(i) 함수 $f(x)$는 $\lim\limits_{x\to0+}f(x)=\lim\limits_{x\to0-}f(x)=f(0)$이므로 $x=0$에서 연속이고, $x=0$에서 미분가능하므로
　$\lim\limits_{x\to0+}\dfrac{f(x)-f(0)}{x}=\lim\limits_{x\to0-}\dfrac{f(x)-f(0)}{x}$이어야 하므로
　$\lim\limits_{x\to0+}\dfrac{f(x)-f(0)}{x}=\lim\limits_{x\to0+}\dfrac{(x^3+3x^2+ax+2)-2}{x}$
　　　　　　　　　　　$=\lim\limits_{x\to0+}\dfrac{x^3+3x^2+ax}{x}$
　　　　　　　　　　　$=\lim\limits_{x\to0+}(x^2+3x+a)=a$
　$\lim\limits_{x\to0-}\dfrac{f(x)-f(0)}{x}=\lim\limits_{x\to0-}\dfrac{(-9x+2)-2}{x}=-9$
　에서 $a=-9$

(ii) 함수 $f(x)$가 $x=b$에서 연속이므로
$$\lim_{x \to b+} f(x) = \lim_{x \to b-} f(x) = f(b)$$이어야 한다.
이때
$$\lim_{x \to b+} f(x) = \lim_{x \to b+} (9x^2 - 21x + 10)$$
$$= 9b^2 - 21b + 10$$
$$\lim_{x \to b-} f(x) = \lim_{x \to b-} (x^3 + 3x^2 - 9x + 2)$$
$$= b^3 + 3b^2 - 9b + 2$$
$$f(b) = 9b^2 - 21b + 10$$
에서
$$9b^2 - 21b + 10 = b^3 + 3b^2 - 9b + 2$$
$$b^3 - 6b^2 + 12b - 8 = 0, \ (b-2)^3 = 0$$
$$\therefore b = 2$$
또한, 함수 $f(x)$는 $\displaystyle\lim_{x \to 2+} \frac{f(x) - f(2)}{x-2} = \lim_{x \to 2-} \frac{f(x) - f(2)}{x-2}$
이므로 $x=2$, 즉 $x=b$에서 미분가능하다.

(i), (ii)에서
$$f(x) = \begin{cases} -9x + 2 & (x < 0) \\ x^3 + 3x^2 - 9x + 2 & (0 \le x < 2) \\ 9x^2 - 21x + 10 & (x \ge 2) \end{cases}$$
이때 $g(x) = x^3 + 3x^2 - 9x + 2$라 하면
$$g'(x) = 3x^2 + 6x - 9 = 3(x+3)(x-1)$$
$0 \le x < 2$일 때 $g'(x) = 0$에서 $x = 1$
또한, $h(x) = 9x^2 - 21x + 10$이라 하면
$$h'(x) = 18x - 21$$
$x \ge 2$일 때 $h'(x) > 0$
이므로 함수 $f(x)$의 증가와 감소를 표로 나타내면 다음과 같다.

| $x$ | $\cdots$ | $0$ | $\cdots$ | $1$ | $\cdots$ | $2$ | $\cdots$ |
|---|---|---|---|---|---|---|---|
| $f'(x)$ | $-$ | | $-$ | $0$ | $+$ | | $+$ |
| $f(x)$ | $\searrow$ | | $\searrow$ | 극소 | $\nearrow$ | | $\nearrow$ |

즉, 함수 $f(x)$는 $x=1$에서 극솟값 $f(1) = -3$을 갖는다.
따라서 $m = -3$이므로
$$abm = -9 \times 2 \times (-3) = 54$$

## 086　답 ③

ㄱ. $a < b$이면 $h > 0$에 대하여 $a - h < a < b < b + h$이므로 다음이 성립한다.
$$\frac{f(a) - f(a-h)}{a - (a-h)} < \frac{f(b) - f(a)}{b - a} < \frac{f(b+h) - f(b)}{(b+h) - b}$$
따라서 $\displaystyle\lim_{h \to 0} \frac{f(a-h) - f(a)}{-h} < \lim_{h \to 0} \frac{f(b+h) - f(b)}{h}$이므로
$f'(a) < f'(b)$이다. (참)

ㄴ. $f(x)$가 극댓값을 가지려면 $f'(x)$의 부호가 그 좌우에서 양에서 음으로 변하는 $x$의 값이 존재해야 한다.
그런데 ㄱ에서 $f'(x)$는 실수 전체의 집합에서 증가하는 함수이므로 부호가 양에서 음으로 변하는 $x$의 값은 없다.
따라서 함수 $f(x)$는 극댓값을 갖지 않는다. (참)

ㄷ. [반례] $f(x) = x^2$일 때, $a < b < c$이면

$$\frac{f(b) - f(a)}{b - a} = \frac{b^2 - a^2}{b - a} = a + b$$
$$< b + c$$
$$= \frac{c^2 - b^2}{c - b}$$
$$= \frac{f(c) - f(b)}{c - b}$$
가 성립하지만 $f(x)$는 $x=0$에서 극솟값 $0$을 갖는다. (거짓)
따라서 옳은 것은 ㄱ, ㄴ이다.

## 087　답 ③

삼차함수 $f(x)$의 최고차항의 계수가 $1$이므로
$$f(x) = x^3 + ax^2 + bx + c \ (a, b, c는 상수)$$라 할 수 있다.
이때 조건 (가)에서 $f'(k) = 0$이고 모든 실수 $k$의 값의 합이 $4$이므로 이차방정식의 근과 계수의 관계에 의하여
$$f'(k) = 3k^2 - 2ak + b$$에서
$$-\frac{2a}{3} = 4, \ 2a = -12 \quad \therefore a = -6$$
한편,
$$g(x) = f(x) - f'(p)(x-p) - f(p)$$
$$= f(x) - \{f'(p)(x-p) + f(p)\}$$
에서 $y = f'(p)(x-p) + f(p)$는 곡선 $y = f(x)$ 위의 점 $(p, f(p))$에서의 접선의 방정식이므로 조건 (나)의 $g(1) = 0$에서 접선
$y = f'(p)(x-p) + f(p)$는 점 $(1, f(1))$을 지난다.
또한, 함수 $g(x)$의 삼차항의 계수는 $f(x)$의 삼차항의 계수와 같이 $1$이다.
곡선 $y = f(x)$와 직선 $y = f'(p)(x-p) + f(p)$는 $x = p$에서 접하고, $x = 1$에서 만나므로
$$g(x) = (x-p)^2 (x-1)$$
$$= (x^2 - 2px + p^2)(x-1)$$
$$= x^3 - (2p+1)x^2 + (p^2 + 2p)x - p^2$$
이때 두 함수 $f(x)$, $g(x)$는 이차항의 계수도 일치하므로
$$2p + 1 = 6 \quad \therefore p = \frac{5}{2}$$

## 088　답 ④

$f(x) = x^3 - 6x^2 + 9x + a$에서
$$f'(x) = 3x^2 - 12x + 9 = 3(x-1)(x-3)$$
$f'(x) = 0$에서 $x = 1$ 또는 $x = 3$
닫힌구간 $[0, 3]$에서 함수 $f(x)$의 증가와 감소를 표로 나타내면 다음과 같다.

| $x$ | $0$ | $\cdots$ | $1$ | $\cdots$ | $3$ |
|---|---|---|---|---|---|
| $f'(x)$ | | $+$ | $0$ | $-$ | $0$ |
| $f(x)$ | $a$ | $\nearrow$ | $a+4$ | $\searrow$ | $a$ |

닫힌구간 $[0, 3]$에서 함수 $f(x)$는 $x = 1$에서 극대이며 최대이고 최댓값은 $f(1) = a + 4$이므로
$$a + 4 = 12 \quad \therefore a = 8$$

## 089 답 ⑤

ㄱ. 함수 $f(x)$의 증가와 감소를 표로 나타내면 다음과 같다.

| $x$ | $\cdots$ | 0 | $\cdots$ | 3 | $\cdots$ |
|---|---|---|---|---|---|
| $f'(x)$ | $+$ | 0 | $+$ | 0 | $-$ |
| $f(x)$ | ↗ | | ↗ | 극대 | ↘ |

따라서 함수 $f(x)$는 $x=3$에서 극댓값을 갖는다. (참)

ㄴ. 함수 $f(x)$는 $x=3$에서 극대이며 최대이므로 모든 실수 $x$에 대하여 $f(x) \leq f(3)$이 성립한다. (참)

ㄷ. 다음 그림은 $f(0)=f(a)=k$일 때, 함수 $y=f(x)$의 그래프와 직선 $y=k$이다.

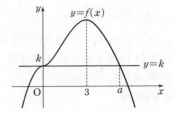

이때 $a>3$이므로 $-a<-3$이다.

따라서 함수 $f(x)$는 구간 $(-a, \infty)$에서 최댓값 $f(3)$을 갖는다. (참)

따라서 옳은 것은 ㄱ, ㄴ, ㄷ이다.


## 090 답 ①

사차함수 $f(x)=ax^4+bx^3+cx^2+dx+e$ ($a, b, c, d, e$는 상수) 라 하면

$f'(x)=4ax^3+3bx^2+2cx+d$ $\quad$ ……㉠

주어진 함수 $y=f'(x)$의 그래프에 의하여

$f'(x)=4ax^2(x-3)=4ax^3-12ax^2$ $\quad$ ……㉡

이때 ㉠=㉡이므로

$3b=-12a, 2c=0, d=0$

$\therefore b=-4a, c=d=0$

$\therefore f(x)=ax^4-4ax^3+e$ $\quad$ ……㉢

한편, $\displaystyle\lim_{x \to 2} \frac{f(x)+1}{x-2}=-2$ $\quad$ ……㉣

에서 $x \to 2$일 때, 극한값이 존재하고 (분모) → 0이므로 (분자) → 0이어야 한다.

즉, $\displaystyle\lim_{x \to 2} \{f(x)+1\}=0$이어야 하므로

$f(2)+1=0$ $\quad$ $\therefore f(2)=-1$

㉣에서

$\displaystyle\lim_{x \to 2} \frac{f(x)+1}{x-2}=\lim_{x \to 2} \frac{f(x)-f(2)}{x-2}$
$\qquad\qquad\qquad =f'(2)=-2$

$f'(2)=-2, f(2)=-1$을 ㉡, ㉢에 각각 대입하면

$f'(2)=32a-48a=-2$

$\therefore a=\dfrac{1}{8}$

$f(2)=16a-32a+e=-16a+e=-2+e=-1$

$\therefore e=1$

즉, $f(x)=\dfrac{1}{8}x^4-\dfrac{1}{2}x^3+1$이므로

$f'(x)=\dfrac{1}{2}x^3-\dfrac{3}{2}x^2=\dfrac{1}{2}x^2(x-3)$

$f'(x)=0$에서 $x=0$ 또는 $x=3$

함수 $f(x)$의 증가와 감소를 표로 나타내면 다음과 같다.

| $x$ | $\cdots$ | 0 | $\cdots$ | 3 | $\cdots$ |
|---|---|---|---|---|---|
| $f'(x)$ | $-$ | 0 | $-$ | 0 | $+$ |
| $f(x)$ | ↘ | | ↘ | 극소 | ↗ |

따라서 함수 $f(x)$는 $x=3$에서 극소이며 최소이므로 함수 $f(x)$의 최솟값은

$f(3)=\dfrac{81}{8}-\dfrac{27}{2}+1=-\dfrac{19}{8}$


## 091 답 ①

$y=x^2-4x+4$에서

$y'=2x-4$

점 $(a, b)$는 곡선 $y=x^2-4x+4=(x-2)^2$ 위의 점이므로

점 $(a, (a-2)^2)$에서의 접선의 방정식은

$y-(a-2)^2=2(a-2)(x-a)$ $\quad$ ……㉠

접선 ㉠과 $x$축 및 $y$축의 교점을 각각 A, B라 하면

$y=0$일 때,

$x=-\dfrac{a-2}{2}+a=\dfrac{a+2}{2}$

$x=0$일 때,

$y=(a-2)(-2a+a-2)=-a^2+4$

$\therefore \overline{OA}=\dfrac{a+2}{2}, \overline{OB}=-a^2+4$

삼각형 OAB의 넓이를 $S(a)$라 하면

$S(a)=\dfrac{1}{4}(a+2)(-a^2+4)$

$S'(a)=\dfrac{1}{4}(-a^2+4)+\dfrac{1}{4}(a+2)\times(-2a)$
$\qquad =-\dfrac{1}{4}(3a^2+4a-4)$
$\qquad =-\dfrac{1}{4}(a+2)(3a-2)$

$S'(a)=0$에서

$a=\dfrac{2}{3}$ ($\because 0<a<2$)

$0<a<2$에서 $S(a)$의 증가와 감소를 표로 나타내면 다음과 같다.

| $a$ | (0) | $\cdots$ | $\dfrac{2}{3}$ | $\cdots$ | (2) |
|---|---|---|---|---|---|
| $S'(a)$ | | $+$ | 0 | $-$ | |
| $S(a)$ | | ↗ | 극대 | ↘ | |

따라서 함수 $S(a)$는 $a=\dfrac{2}{3}$에서 극대이며 최대이고, 이때

$b=(a-2)^2=\left(\dfrac{2}{3}-2\right)^2=\left(-\dfrac{4}{3}\right)^2=\dfrac{16}{9}$

$\therefore a+b=\dfrac{2}{3}+\dfrac{16}{9}=\dfrac{22}{9}$

**092** 답 ②

$f(x)=x^2-4x+k=(x-2)^2+k-4$

이므로 함수 $f(x)$는 모든 실수 $x$에 대하여 $f(x)\geq k-4$

함수 $(g\circ f)(x)=g(f(x))$에서 $f(x)=t$라 하면 $t\geq k-4$이므로

함수 $g(t)$는 구간 $[k-4, \infty)$에서 정의된 함수이다.

즉, 함수 $(g\circ f)(x)$의 최댓값이 12가 되도록 하는 실수 $k$의 값의

범위는 구간 $[k-4, \infty)$에서 함수 $f(x)$의 최댓값이 12가 되도록

하는 값의 범위와 같다.

한편, $g(x)=-x^3+3x^2+9x-15$에서

$g'(x)=-3x^2+6x+9=-3(x+1)(x-3)$

$g'(x)=0$에서 $x=-1$ 또는 $x=3$

함수 $g(x)$의 증가와 감소를 표로 나타내면 다음과 같다.

| $x$ | $\cdots$ | $-1$ | $\cdots$ | $3$ | $\cdots$ |
|-----|-----|-----|-----|-----|-----|
| $g'(x)$ | $-$ | $0$ | $+$ | $0$ | $-$ |
| $g(x)$ | ↘ | 극소 | ↗ | 극대 | ↘ |

즉, 함수 $g(x)$는 $x=3$에서 극댓값 $g(3)=12$를 갖는다.

이때 $g(x)=12$에서 $g(x)=-x^3+3x^2+9x-15=12$

$-x^3+3x^2+9x-27=0$, $-(x-3)^2(x+3)=0$

즉, 함수 $y=g(x)$의 그래프는 다음 그림과 같다.

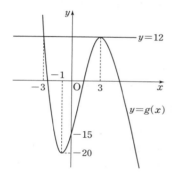

즉, 구간 $[k-4, \infty)$에서 함수 $g(x)$의 최댓값이 12가 되려면

$-3\leq k-4\leq 3$ $\quad \therefore 1\leq k\leq 7$

따라서 정수 $k$의 개수는 1, 2, 3, 4, 5, 6, 7의 7이다.


**093** 답 ④

$f(x)=-2x^3+3ax^2-2a$에서

$f'(x)=-6x^2+6ax=-6x(x-a)$

(i) $a\leq 0$인 경우

$0\leq x\leq 1$에서 $f'(x)\leq 0$이므로 함수 $f(x)$는 닫힌구간 $[0, 1]$

에서 감소한다.

즉, 최댓값은 $f(0)$이므로

$g(a)=f(0)=-2a$

(ii) $0<a<1$인 경우

$0\leq x\leq 1$에서 함수 $f(x)$의 증가와 감소를 표로 나타내면 다음

과 같다.

| $x$ | $0$ | $\cdots$ | $a$ | $\cdots$ | $1$ |
|-----|-----|-----|-----|-----|-----|
| $f'(x)$ | | $+$ | $0$ | $-$ | |
| $f(x)$ | | ↗ | 극대 | ↘ | |

즉, 함수 $f(x)$는 $x=a$에서 극대이며 최대이고 최댓값은

$g(a)=f(a)=-2a^3+3a^3-2a=a^3-2a$

(iii) $a\geq 1$인 경우

$0\leq x\leq 1$에서 $f'(x)\geq 0$

함수 $f(x)$는 닫힌구간 $[0, 1]$에서 증가하므로 최댓값은 $f(1)$

이다.

즉, $g(a)=f(1)=-2+3a-2a=a-2$

(i), (ii), (iii)에서

$$g(a)=\begin{cases} -2a & (a\leq 0) \\ a^3-2a & (0<a<1) \\ a-2 & (a\geq 1) \end{cases}, \ g'(a)=\begin{cases} -2 & (a<0) \\ 3a^2-2 & (0<a<1) \\ 1 & (a>1) \end{cases}$$

$0<a<1$일 때, $g(a)=a^3-2a$라 하면

$g'(a)=3a^2-2$

$\qquad =3\left(a^2-\dfrac{2}{3}\right)$

$\qquad =3\left(a+\sqrt{\dfrac{2}{3}}\right)\left(a-\sqrt{\dfrac{2}{3}}\right)$

$g'(a)=0$에서

$a=\sqrt{\dfrac{2}{3}}=\dfrac{\sqrt{6}}{3}$ $(\because 0<a<1)$

즉, 함수 $g(a)$의 증가와 감소를 표로 나타내면 다음과 같다.

| $a$ | $\cdots$ | $0$ | $\cdots$ | $\dfrac{\sqrt{6}}{3}$ | $\cdots$ | $1$ | $\cdots$ |
|-----|-----|-----|-----|-----|-----|-----|-----|
| $g'(a)$ | $-$ | | $-$ | $0$ | $+$ | | $+$ |
| $g(a)$ | ↘ | | ↘ | 극소 | ↗ | | ↗ |

따라서 함수 $g(a)$는 $a=\dfrac{\sqrt{6}}{3}$에서 극소이며 최소이고 최솟값은

$g\left(\dfrac{\sqrt{6}}{3}\right)=\left(\dfrac{\sqrt{6}}{3}\right)^3-2\times\left(\dfrac{\sqrt{6}}{3}\right)=-\dfrac{4\sqrt{6}}{9}$이다.


**094** 답 ①

$f(x)=|(x^2-9)(x+a)|$

$\qquad =|(x+3)(x-3)(x+a)|$

(i) $0<a<3$일 때

함수 $y=f(x)$의 그래프의 개형
은 오른쪽 그림과 같으므로 함수
$f(x)$는

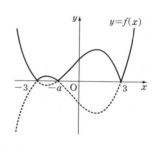

$x=-3$, $x=-a$, $x=3$에서 미
분가능하지 않다.

즉, 주어진 조건을 만족시키지 않
는다.

(ii) $a=3$일 때

함수 $y=f(x)$의 그래프의 개형
은 오른쪽 그림과 같으므로 함수
$f(x)$는 $x=3$에서만 미분가능하
지 않다.

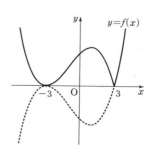

즉, 주어진 조건을 만족시킨다.

(iii) $a>3$일 때

함수 $y=f(x)$의 그래프의 개형
은 오른쪽 그림과 같으므로 함수
$f(x)$는 $x=-a$, $x=-3$, $x=3$
에서 미분가능하지 않다.
즉, 주어진 조건을 만족시키지 않
는다.

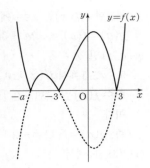

(i), (ii), (iii)에서 $a=3$이므로
$f(x)=|(x^2-9)(x+3)|$
함수 $f(x)=|(x^2-9)(x+3)|$의 극댓값은
함수 $y=(x^2-9)(x+3)$의 극솟값과 부호만 다르고 절댓값은 같다.
$g(x)=(x^2-9)(x+3)$이라 하면
$g'(x)=2x(x+3)+(x^2-9)$
$\quad\quad=3(x+3)(x-1)$
$g'(x)=0$에서
$x=-3$ 또는 $x=1$
즉, 함수 $g(x)$는 $x=1$에서 극솟값 $g(1)=-8\times4=-32$를 가지
므로 함수 $f(x)$는 $x=1$에서 극댓값 $|-32|=32$를 갖는다.

## 095  답 ③

조건 (나)에서 점 $(1, f(1))$에서 접하고 기울기가 1인 접선의 방정
식은
$y-f(1)=x-1$, 즉 $y=x+f(1)-1$
이 직선이 점 $(2, f(2))$를 지나므로 함수 $f(x)$의 최고차항의 계수
를 $a$라 하면
$f(x)-\{x+f(1)-1\}=a(x-1)^2(x-2)$
$f(x)=a(x^2-2x+1)(x-2)+x+f(1)-1$
$f'(x)=2a(x-1)(x-2)+a(x^2-2x+1)+1$
이므로 조건 (가)에 의하여
$f(-1)=0$에서 $-12a+f(1)-2=0$ $\quad\quad$ ……㉠
$f'(-1)=0$에서 $12a+4a+1=0$, $16a+1=0$ $\quad$ ……㉡
㉠, ㉡을 연립하여 풀면
$a=-\dfrac{1}{16}$, $f(1)=\dfrac{5}{4}$
따라서
$f(x)=-\dfrac{1}{16}(x-1)^2(x-2)+x+\dfrac{5}{4}-1$
$\quad\quad=-\dfrac{1}{16}(x-1)^2(x-2)+x+\dfrac{1}{4}$
이므로
$f(0)=-\dfrac{1}{16}\times1\times(-2)+0+\dfrac{1}{4}=\dfrac{3}{8}$

## 096  답 9

조건 (가)에 의하여 함수 $y=f(x)$의 그래프는 $y$축에 대하여 대칭
이므로 홀수차항의 계수는 0이다.
즉, $a=c=0$이므로
$f(x)=x^4+bx^2-2b$

---

조건 (나)에서 함수 $|f(x)|$는 3개의 극댓
값을 가지므로 함수 $y=|f(x)|$의 그래
프의 개형은 오른쪽 그림과 같다.
이때 함수 $f(x)$는 1개의 극댓값, 2개의
극솟값을 가져야 하므로 방정식
$f'(x)=0$은 서로 다른 세 실근을 갖는다.

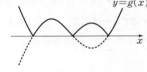

$f(x)=x^4+bx^2-2b$에서
$f'(x)=4x^3+2bx=2x(2x^2+b)$
$f'(x)=0$에서 $b>0$이면 $2x^2+b>0$이 되어 $f'(x)=0$이 하나의
실근만 가지므로 $b<0$이고,
$x=-\sqrt{-\dfrac{b}{2}}$ 또는 $x=0$ 또는 $x=\sqrt{-\dfrac{b}{2}}$
이때 $f\left(-\sqrt{-\dfrac{b}{2}}\right)<0$, $f(0)>0$, $f\left(\sqrt{-\dfrac{b}{2}}\right)<0$이어야 하므로
$f\left(\sqrt{-\dfrac{b}{2}}\right)=\dfrac{b^2}{4}-\dfrac{b^2}{2}-2b<0$에서
$-\dfrac{b^2}{4}-2b<0$
$b^2+8b>0$, $b(b+8)>0$
$b<-8$ 또는 $b>0$
$\therefore b<-8$ ($\because b<0$)
따라서 $f(1)=1+b-2b=1-b>9$이므로 $f(1)>k$를 만족시키는
실수 $k$의 최댓값은 9이다.

## 097  답 ②

$g(x)=|f(x)|$라 하면
$g(x)=|(x^2-4)(x+a)|$
$\quad\quad=|(x+2)(x-2)(x+a)|$

(i) $a\neq-2$, $a\neq2$일 때

함수 $y=g(x)$의 그래프의 개형
은 오른쪽 그림과 같으므로 함수
$g(x)$는 $x=-2$, $x=2$, $x=-a$
에서 미분가능하지 않다.
즉, 조건 (가)를 만족시키지 않는다.

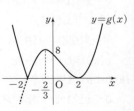

(ii) $a=-2$일 때

$f(x)=(x-2)(x^2-4)$에서
$f'(x)=x^2-4+(x-2)\times2x$
$\quad\quad=(x-2)\{(x+2)+2x\}$
$\quad\quad=(x-2)(3x+2)$
$f'(x)=0$에서 $x=-\dfrac{2}{3}$ 또는
$x=2$이므로 함수 $y=g(x)$의 그래
프의 개형은 오른쪽 그림과 같다.
즉, 함수 $g(x)$는 $x=-2$에서만 미
분가능하지 않으므로 조건 (가)를
만족시키고, 두 함수 $f(x)$, $g(x)$의 극댓값이 서로 같으므로 조
건 (나)를 만족시킨다.

(iii) $a=2$일 때

$f(x)=(x^2-4)(x+2)$에서

$$f'(x)=2x(x+2)+(x^2-4)$$
$$=(x+2)(2x+x-2)$$
$$=(x+2)(3x-2)$$

$f'(x)=0$에서 $x=-2$ 또는 $x=\dfrac{2}{3}$

이므로 함수 $y=g(x)$의 그래프의 개형은 오른쪽 그림과 같다.

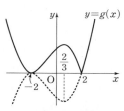

즉, 함수 $g(x)$는 $x=2$에서만 미분가능하지 않으므로 조건 (가)를 만족시키지만 두 함수 $f(x)$, $g(x)$의 극댓값이 서로 같지 않으므로 조건 (나)를 만족시키지 않는다.

(i), (ii), (iii)에서 $a=-2$

## 098  답 20

$f(x)=2x^3-3x^2-12x+a$에서
$$f'(x)=6x^2-6x-12$$
$$=6(x^2-x-2)$$
$$=6(x+1)(x-2)$$

$f'(x)=0$에서 $x=-1$ 또는 $x=2$ ...... ㉠

조건 (가)에서 함수 $g(x)$가 $x=\alpha$, $x=\beta$ $(\alpha<\beta)$에서 극댓값을 가지려면
(함수 $f(x)$의 극댓값)$>0$,
(함수 $f(x)$의 극솟값)$<0$이어야 하므로 함수 $y=f(x)$의 그래프의 개형이 오른쪽 그림과 같아야 하고,

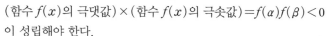

(함수 $f(x)$의 극댓값)$\times$(함수 $f(x)$의 극솟값)$=f(\alpha)f(\beta)<0$
이 성립해야 한다.

이때 함수 $y=g(x)$의 그래프의 개형은 오른쪽 그림과 같고 ㉠에서 $\alpha=-1$, $\beta=2$이다.

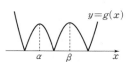

즉,
$$f(-1)f(2)=(-2-3+12+a)(16-12-24+a)$$
$$=(a+7)(a-20)$$
이므로
$$(a+7)(a-20)<0$$
$$\therefore -7<a<20 \quad ...... ㉡$$

또한, $g(\alpha)=f(\alpha)$, $g(\beta)=-f(\beta)$이므로 조건 (나)에서
$$|g(\alpha)-g(\beta)|=|f(\alpha)+f(\beta)|=|f(-1)+f(2)|$$
$$=|(a+7)+(a-20)|=|2a-13|$$
$$>5$$
이므로
$$2a-13<-5 \text{ 또는 } 2a-13>5$$
$$\therefore a<4 \text{ 또는 } a>9 \quad ...... ㉢$$

㉡, ㉢에서
$$-7<a<4 \text{ 또는 } 9<a<20$$

따라서 정수 $a$의 개수는
$-6$, $-5$, $-4$, $\cdots$, $3$, $10$, $11$, $12$, $\cdots$, $19$의 20이다.

## 099  답 ①

$f(x)=3x^4-8x^3-6x^2+24x+k$에서
$$f'(x)=12x^3-24x^2-12x+24$$
$$=12x^2(x-2)-12(x-2)$$
$$=12(x-2)(x^2-1)$$
$$=12(x+1)(x-1)(x-2)$$

$f'(x)=0$에서
$x=-1$ 또는 $x=1$ 또는 $x=2$

함수 $f(x)$의 증가와 감소를 표로 나타내면 다음과 같다.

| $x$ | $\cdots$ | $-1$ | $\cdots$ | $1$ | $\cdots$ | $2$ | $\cdots$ |
|---|---|---|---|---|---|---|---|
| $f'(x)$ | $-$ | $0$ | $+$ | $0$ | $-$ | $0$ | $+$ |
| $f(x)$ | $\searrow$ | 극소 | $\nearrow$ | 극대 | $\searrow$ | 극소 | $\nearrow$ |

함수 $f(x)$는 $x=1$에서 극댓값, $x=-1$, $x=2$에서 극솟값을 갖고
$$f(-1)=3+8-6-24+k=k-19$$
$$f(1)=3-8-6+24+k=k+13$$
$$f(2)=48-64-24+48+k=k+8$$

이때 조건 (가)를 만족시키려면 $f(-1)=0$ 또는 $f(1)=0$ 또는 $f(2)=0$이어야 하고 각각의 경우의 함수 $y=f(x)$의 그래프의 개형은 다음 그림과 같다.

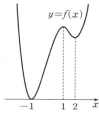 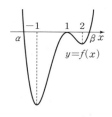 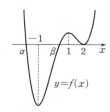

[$f(-1)=0$일 때]　[$f(1)=0$일 때]　[$f(2)=0$일 때]

$f(-1)=0$일 때, 함수 $|f(x)|$가 모든 실수 $x$에서 미분가능하다.
$f(1)=0$ 또는 $f(2)=0$일 때, 함수 $|f(x)|$가 $x=\alpha$와 $x=\beta$에서 미분가능하지 않으므로 조건 (나)를 만족시킨다.

(i) $f(1)=0$인 경우
$$k+13=0$$
$$\therefore k=-13$$

(ii) $f(2)=0$인 경우
$$k+8=0$$
$$\therefore k=-8$$

(i), (ii)에서 조건을 만족시키는 모든 $k$의 합은
$$-13+(-8)=-21$$

## 100  답 ③

$f(x)=2x^3+6x^2+a$라 하면
$$f'(x)=6x^2+12x=6x(x+2)$$

$f'(x)=0$에서 $x=-2$ 또는 $x=0$

함수 $f(x)$의 증가와 감소를 표로 나타내면 다음과 같다.

| $x$ | $\cdots$ | $-2$ | $\cdots$ | $0$ | $\cdots$ |
|---|---|---|---|---|---|
| $f'(x)$ | $+$ | $0$ | $-$ | $0$ | $+$ |
| $f(x)$ | $\nearrow$ | $a+8$ | $\searrow$ | $a$ | $\nearrow$ |

즉, 방정식 $f(x)=0$이 $-2\le x\le 2$에서 서로 다른 두 실근을 갖기 위해서는 함수 $y=f(x)$의 그래프가 다음 그림과 같아야 한다.

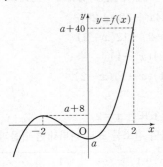

이때 $f(2)=a+40$이므로
$f(2)>f(-2)$
그러므로 조건을 만족시키기 위해서는 $f(-2)\ge 0$이고 $f(0)<0$이어야 한다.
$f(-2)\ge 0$에서
$a+8\ge 0$　　∴ $a\ge -8$　　……　㉠
또한, $f(0)<0$에서
$a<0$　　……　㉡
㉠, ㉡에서
$-8\le a<0$
따라서 구하는 정수 $a$의 개수는
$-8, -7, -6, -5, -4, -3, -2, -1$의 8이다.

## 101　답 ①

$f(x)=ax^3+bx^2+cx+d$ ($a, b, c, d$는 상수, $a\ne 0$)이라 하면
$f'(x)=3ax^2+2bx+c$
조건 (나)에서 $f'(-4)=f'(4)$이므로
$48a-8b+c=48a+8b+c$
∴ $b=0$
조건 (가)에서 함수 $f(x)$가 $x=-3$에서 극솟값을 가지므로
$f'(-3)=27a+c=0$에서
$c=-27a$
∴ $f'(x)=3ax^2-27a$
　　$=3a(x^2-9)$
　　$=3a(x+3)(x-3)$
$f'(x)=0$에서 $x=-3$ 또는 $x=3$
이때 $x=-3$에서 극솟값을 가지므로 $a<0$이고 함수 $f(x)$는
$x=3$에서 극댓값을 갖는다.
방정식 $f(x)=f(k)$가 서로 다른 세 실근을 가지려면 다음 그림과 같이 $f(-3)<f(k)<f(3)$이어야 한다.

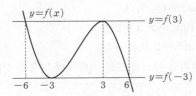

$f(x)=f(3)$에서
$ax^3-27ax+d=a\times 3^3-27a\times 3+d$

$a(x^3-3^3)-27a(x-3)=0$
$a(x-3)^2(x+6)=0$
∴ $x=3$ 또는 $x=-6$
$f(x)=f(-3)$에서
$ax^3-27ax+d=a\times(-3)^3-27a\times(-3)+d$
$a(x^3+3^3)-27a(x+3)=0$
$a(x+3)^2(x-6)=0$
∴ $x=-3$ 또는 $x=6$
즉, 방정식 $f(x)=f(k)$가 서로 다른 세 실근을 갖도록 하는 $k$의 값의 범위는
$-6<k<-3$ 또는 $-3<k<3$ 또는 $3<k<6$
따라서 구하는 정수 $k$의 개수는
$-5, -4, -2, -1, 0, 1, 2, 4, 5$의 9이다.

## 102　답 ③

$f(x)=x^3-6x^2+5$에서
$f'(x)=3x^2-12x$
함수 $y=f(x)$의 그래프 위의 점 $(a, a^3-6a^2+5)$에서의 접선의 방정식은
$y=(3a^2-12a)(x-a)+a^3-6a^2+5$
이 접선이 점 $(0, t)$를 지나므로
$t=-2a^3+6a^2+5$
즉, $t$가 실수일 때, $a$에 대하여 방정식 $t=-2a^3+6a^2+5$의 서로 다른 실근 $a$의 개수가 $g(t)$이다.
방정식 $t=-2a^3+6a^2+5$의 실근은 직선 $y=t$와 함수
$y=-2a^3+6a^2+5$의 그래프가 만나는 점의 $a$좌표와 같으므로 함수
$h(a)=-2a^3+6a^2+5$라 하면
$h'(a)=-6a^2+12a$
　　　$=-6a(a-2)$
$h'(a)=0$에서 $a=0$ 또는 $a=2$
함수 $h(a)$의 증가와 감소를 표로 나타내면 다음과 같다.

| $a$ | … | 0 | … | 2 | … |
|-----|---|---|---|---|---|
| $h'(a)$ | $-$ | 0 | $+$ | 0 | $-$ |
| $h(a)$ | ↘ | 5 | ↗ | 13 | ↘ |

이때 함수 $h(a)$는 $a=0$에서 극솟값 5, $a=2$에서 극댓값 13을 가지므로 함수 $y=h(a)$의 그래프는 다음 그림과 같다.

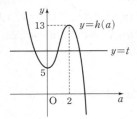

즉, $g(t)=3$이 되도록 하는 실수 $t$의 값의 범위는
$5<t<13$
따라서 구하는 정수 $t$의 개수는
$6, 7, 8, 9, 10, 11, 12$의 7이다.

## 103  답 ⑤

$h(x)=f(x)-g(x)$에서

$h'(x)=f'(x)-g'(x)$

$h'(\alpha)=h'(\beta)=h'(\gamma)=0$이므로 함수 $h(x)$는 $x=\alpha$, $x=\gamma$에서 극소이고, $x=\beta$에서 극대이다.

그런데 극댓값이 음수이므로 함수 $y=h(x)$의 그래프의 개형은 다음 그림과 같다.

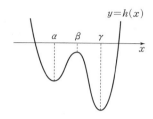

ㄱ. $\alpha<x<\beta$일 때, 함수 $h(x)$는 증가하므로

$h(\alpha)<h(\beta)$ (참)

ㄴ. 두 점 $(\alpha,\ h(\alpha))$, $(\beta,\ h(\beta))$를 지나는 직선의 기울기는 양수이고, 두 점 $(\beta,\ h(\beta))$, $(\gamma,\ h(\gamma))$를 지나는 직선의 기울기는 음수이다. 즉,

$\dfrac{h(\gamma)-h(\beta)}{\gamma-\beta}<0<\dfrac{h(\beta)-h(\alpha)}{\beta-\alpha}$

$\therefore (\beta-\alpha)\{h(\gamma)-h(\beta)\}<(\gamma-\beta)\{h(\beta)-h(\alpha)\}$ (참)

ㄷ. 함수 $y=h(x)$의 그래프는 $x$축과 서로 다른 두 점에서 만나므로 방정식 $h(x)=0$은 서로 다른 두 실근을 갖는다. (참)

따라서 옳은 것은 ㄱ, ㄴ, ㄷ이다.

## 104  답 ③

최고차항의 계수가 1인 사차함수 $f(x)$에 대하여 조건 (나)에서 함수 $y=f(x)$의 그래프가 점 $(0,\ 1)$을 지나므로

$f(x)=x^4+ax^3+bx^2+cx+1$ $(a,\ b,\ c$는 상수)이라 하자.

조건 (가)에서 모든 실수 $x$에 대하여 $f(-x)=f(x)$이므로

$a=c=0$

$\therefore f(x)=x^4+bx^2+1$

조건 (다)에서 함수 $f(x)$는 극댓값과 극솟값을 모두 가지므로 함수 $f(x)$의 극댓값을 $M$, 극솟값을 $m$이라 하면 $M=-m$, 즉 $M=1$, $m=-1$이어야 다음 그림과 같이 $5\in\{g(k)\,|\,k$는 실수$\}$가 된다.

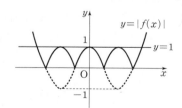

즉, $f'(x)=4x^3+2bx=2x(2x^2+b)$이고, 함수 $f(x)$는 극댓값과 극솟값을 모두 가지므로

$b<0$ ······ ㉠

$f'(x)=0$에서 $x=-\sqrt{-\dfrac{b}{2}}$ 또는 $x=0$ 또는 $x=\sqrt{-\dfrac{b}{2}}$

이때 함수 $f(x)$의 극댓값은 $f(0)=1$, 극솟값은

$f\left(-\sqrt{-\dfrac{b}{2}}\right)=f\left(\sqrt{-\dfrac{b}{2}}\right)=\dfrac{b^2}{4}-\dfrac{b^2}{2}+1$

$\qquad\qquad\qquad\qquad =-\dfrac{b^2}{4}+1=-1$

이므로 $b^2=8$ $\therefore b=-2\sqrt{2}$ $(\because ㉠)$

따라서 $f(x)=x^4-2\sqrt{2}x^2+1$이므로

$f(1)=1-2\sqrt{2}+1=2-2\sqrt{2}$

## 105  답 ⑤

$f(x)\geq g(x)$에서

$f(x)-g(x)\geq 0$

$h(x)=f(x)-g(x)$라 하면

$h(x)=x^3-x+6-(x^2+a)$

$\qquad =x^3-x^2-x+6-a$

$h'(x)=3x^2-2x-1$

$\qquad =(3x+1)(x-1)$

$h'(x)=0$에서 $x=-\dfrac{1}{3}$ 또는 $x=1$

$x\geq 0$에서 함수 $h(x)$의 증가와 감소를 표로 나타내면 다음과 같다.

| $x$ | 0 | $\cdots$ | 1 | $\cdots$ |
|---|---|---|---|---|
| $h'(x)$ | | $-$ | 0 | $+$ |
| $h(x)$ | $6-a$ | $\searrow$ | $5-a$ | $\nearrow$ |

함수 $h(x)$의 최솟값은 $h(1)=5-a$이므로 $x\geq 0$인 모든 실수 $x$에 대하여 부등식 $h(x)\geq 0$이 성립하려면

$5-a\geq 0$

$\therefore a\leq 5$

따라서 실수 $a$의 최댓값은 5이다.

## 106  답 ④

$f(x)=x^3-6x^2+3x+a$에서

$f'(x)=3x^2-12x+3$

$f(x)>f'(x)$에서

$f(x)-f'(x)>0$

$F(x)=f(x)-f'(x)$라 하면

$F(x)=x^3-6x^2+3x+a-(3x^2-12x+3)$

$\qquad =x^3-9x^2+15x+a-3$

$F'(x)=3x^2-18x+15=3(x-1)(x-5)$

$F'(x)=0$에서 $x=1$ 또는 $x=5$

$x\geq 1$에서 함수 $F(x)$의 증가와 감소를 표로 나타내면 다음과 같다.

| $x$ | 1 | $\cdots$ | 5 | $\cdots$ |
|---|---|---|---|---|
| $F'(x)$ | 0 | $-$ | 0 | $+$ |
| $F(x)$ | $a+4$ | $\searrow$ | $a-28$ | $\nearrow$ |

$x\geq 1$에서 함수 $F(x)$는 $x=5$일 때 최솟값 $a-28$을 가지므로

$a-28>0$이어야 한다.

따라서 $a>28$이므로 조건을 만족시키는 정수 $a$의 최솟값은 29이다.

## 107  답 ③

$x^3+4x^2-ax-18\leq0$에서

$x^3+4x^2-18\leq ax$

$f(x)=x^3+4x^2-18$이라 하면

$f'(x)=3x^2+8x=x(3x+8)$

$f'(x)=0$에서 $x=0$ 또는 $x=-\dfrac{8}{3}$

$x\leq0$에서 함수 $f(x)$의 증가와 감소를 표로 나타내면 다음과 같다.

| $x$ | $\cdots$ | $-\dfrac{8}{3}$ | $\cdots$ | $0$ |
|---|---|---|---|---|
| $f'(x)$ | $+$ | $0$ | $-$ | $0$ |
| $f(x)$ | $\nearrow$ | 극대 | $\searrow$ | $-18$ |

함수 $y=f(x)$의 그래프의 개형은 오른쪽 그림과 같다.

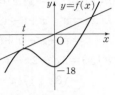

$x^3+4x^2-18\leq ax$가 항상 성립하려면 곡선 $y=f(x)$가 직선 $y=ax$에 접하거나 직선보다 아래에 있으면 된다.

원점에서 곡선 $y=f(x)$에 그은 접선의 방정식의 접점의 좌표를 $(t,\,f(t))$라 하면

$y-(t^3+4t^2-18)=(3t^2+8t)(x-t)$

$\therefore y=(3t^2+8t)x-2t^3-4t^2-18$ $\cdots\cdots\ \bigcirc$

직선 $\bigcirc$이 원점을 지나므로

$2t^3+4t^2+18=0,\ 2(t+3)(t^2-t+3)=0$ $\therefore t=-3$

$t=-3$을 $\bigcirc$에 대입하면

$y=3x$ $\therefore a\leq3$

따라서 실수 $a$의 최댓값은 3이다.

## 108  답 10

부등식 $f(2\sin x)\geq-8\sin^2 x$에서

$2\sin x=t$라 하면 $-2\leq t\leq2$이고

$f(t)\geq-2t^2,\ t^3-\dfrac{7}{2}t^2-6t+a\geq-2t^2$

$\therefore t^3-\dfrac{3}{2}t^2-6t+a\geq0$

이때 $g(t)=t^3-\dfrac{3}{2}t^2-6t+a$라 하면

$g'(t)=3t^2-3t-6=3(t+1)(t-2)$

$g'(t)=0$에서 $t=-1$ 또는 $t=2$

$-2\leq t\leq2$에서 함수 $g(t)$의 증가와 감소를 표로 나타내면 다음과 같다.

| $t$ | $-2$ | $\cdots$ | $-1$ | $\cdots$ | $2$ |
|---|---|---|---|---|---|
| $g'(a)$ | | $+$ | $0$ | $-$ | $0$ |
| $g(a)$ | $a-2$ | $\nearrow$ | 극대 | $\searrow$ | $a-10$ |

$-2\leq t\leq2$에서 함수 $g(t)$의 최솟값은 $g(2)=a-10$이므로

$-2\leq t\leq2$에서의 모든 실수 $t$에 대하여 부등식 $g(t)\geq0$이 항상 성립하려면

$a-10\geq0$ $\therefore a\geq10$

따라서 실수 $a$의 최솟값은 10이다.

## 109  답 27

두 점 P, Q의 시각 $t$에서의 속도를 $v_1$, $v_2$라 하면

$v_1=\dfrac{dx_1}{dt}=3t^2-4t+3$

$v_2=\dfrac{dx_2}{dt}=2t+12$

$3t^2-4t+3=2t+12$에서 $3t^2-6t-9=0$

$t^2-2t-3=0,\ (t+1)(x-3)=0$

$\therefore t=3\ (\because t>0)$

따라서 시각 $t=3$일 때, $x_1=18$, $x_2=45$이므로

두 점 P, Q 사이의 거리는

$|45-18|=27$

## 110  답 23

점 P의 시각 $t\ (t\geq0)$에서의 속도를 $v$라 하면

$v=\dfrac{dx}{dt}=-3t^2+6t+9$

$v=0$에서 $-3t^2+6t+9=0$

$-3(t+1)(t-3)=0$ $\therefore t=3\ (\because t>0)$

이때 $t=3$의 좌우에서 $v$의 부호가 양에서 음으로 바뀐다.

즉, 점 P의 운동 방향이 바뀌는 시각 $t=3$에서 점 P의 위치가 50이므로

$-27+27+27+k=50$

$\therefore k=23$

## 111  답 ①

$P(t)=\dfrac{1}{4}t^4-2t^3+5t^2$, $Q(t)=\dfrac{1}{2}t^2+at$에서 두 점 P, Q의 시각 $t\ (t>0)$에서의 속도는

$\dfrac{d}{dt}P(t)=t^3-6t^2+10t,\ \dfrac{d}{dt}Q(t)=t+a$

두 점 P, Q의 속도가 세 번 같아지려면 $t$에 대한 삼차방정식 $t^3-6t^2+10t=t+a$, 즉 $t^3-6t^2+9t=a$가 서로 다른 세 양의 실근을 가져야 한다.

$f(t)=t^3-6t^2+9t$라 하면

$f'(t)=3t^2-12t+9=3(t-1)(t-3)$

$f'(t)=0$에서 $t=1$ 또는 $t=3$

따라서 $f(1)=1-6+9=4$, $f(3)=27-54+27=0$이므로 방정식 $f(t)=a$가 서로 다른 세 양의 실근을 가지려면 다음 그림과 같아야 한다.

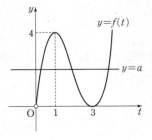

$\therefore 0<a<4$

**112** 답 ④

$x_1(t)=3t^2+at$, $x_2(t)=t^3+bt^2-t$에서 두 점 P, Q의 시각 $t$ $(t \geq 0)$에서의 속도를 각각 $v_1(t)$, $v_2(t)$라 하면

$v_1(t)=6t+a$, $v_2(t)=3t^2+2bt-1$

$t=1$일 때 두 점 P, Q가 만나고 속도가 같으므로

$x_1(1)=x_2(1)$에서 $3+a=1+b-1$

$\therefore a-b=-3$ $\cdots\cdots$ ㉠

$v_1(1)=v_2(1)$에서 $6+a=3+2b-1$

$\therefore a-2b=-4$ $\cdots\cdots$ ㉡

㉠, ㉡을 연립하여 풀면

$a=-2$, $b=1$

따라서 $v_1(t)=6t-2$이므로

$v_1(t)=0$에서 $6t-2=0$

$\therefore t=\dfrac{1}{3}$

$0<t<\dfrac{1}{3}$일 때 $v_1<0$이고, $t>\dfrac{1}{3}$일 때 $v_1>0$이므로 점 P가 처음으로 운동 방향을 바꾸는 순간은 시각 $t=\dfrac{1}{3}$일 때이다.

한편, 시각 $t$에서의 점 Q의 가속도를 $a_2(t)$라 하면

$a_2(t)=6t+2b=6t+2$

따라서 시각 $t=\dfrac{1}{3}$일 때의 점 Q의 가속도는

$a_2\left(\dfrac{1}{3}\right)=6 \times \dfrac{1}{3}+2=4$

---

## 최고 등급 도전하기

본문 46~52쪽

**113** 답 8

$f(x)=x^3+ax^2+bx+c$ ($a$, $b$, $c$는 상수)라 하면

$f'(x)=3x^2+2ax+b$

조건 (나)에서 함수

$g(x)=\begin{cases} -x^3-ax^2-bx-c & (x<0) \\ x^3+ax^2+bx+c & (x \geq 0) \end{cases}$

는 실수 전체의 집합에서 미분가능하므로 $x=0$에서도 미분가능하다.

(i) 함수 $g(x)$가 $x=0$에서 연속이므로

$\displaystyle\lim_{x\to 0-} g(x)=g(0)$에서 $c=-c$

$\therefore c=0$

(ii) 미분계수 $g'(0)$이 존재하므로

$\displaystyle\lim_{x\to 0+} \dfrac{g(x)-g(0)}{x-0}=\lim_{x\to 0+} \dfrac{x^3+ax^2+bx}{x}$
$=\displaystyle\lim_{x\to 0+} (x^2+ax+b)$
$=b$

$\displaystyle\lim_{x\to 0-} \dfrac{g(x)-g(0)}{x-0}=\lim_{x\to 0-} \dfrac{-x^3-ax^2-bx}{x}$
$=\displaystyle\lim_{x\to 0-} (-x^2-ax-b)$
$=-b$

에서 $b=-b$ $\therefore b=0$

---

(i), (ii)에서 $f(x)=x^3+ax^2$, $g(x)=\begin{cases} -x^3-ax^2 & (x<0) \\ x^3+ax^2 & (x \geq 0) \end{cases}$이므로

$f'(x)=3x^2+2ax$, $g'(x)=\begin{cases} -3x^2-2ax & (x<0) \\ 3x^2+2ax & (x>0) \end{cases}$

이때 조건 (가)에서 $f'(2)+g'(2)=0$이므로

$(12+4a)+(12+4a)=0$

$24+8a=0$ $\therefore a=-3$

따라서 $f(x)=x^3-3x^2$이므로

$f(-1)f(1)=(-4) \times (-2)=8$

**다른 풀이**

(i) 함수 $g(x)$가 $x=0$에서 연속이므로

$\displaystyle\lim_{x\to 0+} g(x)=\lim_{x\to 0-} g(x)=g(0)$

$\displaystyle\lim_{x\to 0+} f(x)=\lim_{x\to 0-} \{-f(x)\}=f(0)$

즉, $f(0)=-f(0)$에서 $f(0)=0$

(ii) 미분계수 $g'(0)$이 존재하므로

$g'(x)=\begin{cases} -f'(x) & (x<0) \\ f'(x) & (x>0) \end{cases}$에서

$\displaystyle\lim_{x\to 0+} g'(x)=\lim_{x\to 0-} g'(x)$

$f'(0)=-f'(0)$

$\therefore f'(0)=0$

(i), (ii)에서 최고차항의 계수가 1인 삼차함수 $y=f(x)$의 그래프의 개형에 대한 함수 $y=g(x)$의 그래프의 개형은 다음 중 하나이어야 한다.

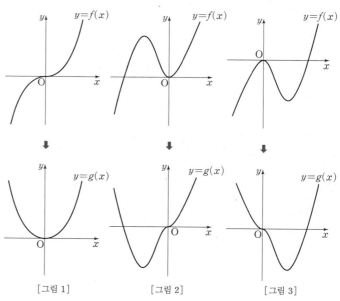

[그림 1]   [그림 2]   [그림 3]

이때 조건 (가)에서 $f'(2)+g'(2)=0$이므로 [그림 3]과 같아야 하고 두 함수 $f(x)$, $g(x)$는 $x=2$에서 극솟값을 갖는다.

$\therefore f'(2)=g'(2)=0$

즉, $f(x)=x^3+ax^2+bx+c$ ($a$, $b$, $c$는 상수)라 하면

$f'(x)=3x^2+2ax+b$

$f(0)=0$에서 $c=0$

$f'(0)=0$에서 $b=0$

$f'(2)=0$에서 $12+4a=0$

$\therefore a=-3$

따라서 $f(x)=x^3-3x^2$이므로
$f(-1)f(1)=(-4)\times(-2)=8$

## 114 답 ⑤

모든 실수 $x$에 대하여
$12x-f(x)\le g(x)\le 12x+f(x)$
가 성립하므로 모든 실수 $x$에 대하여 $f(x)\ge 0$이다.
미분계수의 정의에 의하여
$$f'(0)=\lim_{x\to 0}\frac{f(x)-f(0)}{x-0}=\lim_{x\to 0}\frac{f(x)}{x}\;(\because f(0)=0)$$
이때 $f(x)\ge 0$이므로
$x>0$이면 $\dfrac{f(x)}{x}\ge 0$이고 $x<0$이면 $\dfrac{f(x)}{x}\le 0$이다.

즉, $0\le\lim\limits_{x\to 0+}\dfrac{f(x)}{x}=\lim\limits_{x\to 0-}\dfrac{f(x)}{x}\le 0$이므로

$f'(0)=\lim\limits_{x\to 0}\dfrac{f(x)}{x}=0$

$12x-f(x)\le g(x)\le 12x+f(x)$의 각 변에 $x=0$을 대입하면
$-f(0)\le g(0)\le f(0)$이므로 $g(0)=0$
$$g'(0)=\lim_{h\to 0}\frac{g(h)-g(0)}{h}=\lim_{h\to 0}\frac{g(h)}{h}$$
또한, $12x-f(x)\le g(x)\le 12x+f(x)$의 각 변에 $x=h$를 대입하면
$12h-f(h)\le g(h)\le 12h+f(h)$ ······ ㉠
$h>0$일 때 ㉠의 각 변을 $h$로 나누면
$\dfrac{12h-f(h)}{h}\le\dfrac{g(h)}{h}\le\dfrac{12h+f(h)}{h}$이므로
$\lim\limits_{h\to 0+}\dfrac{12h-f(h)}{h}\le\lim\limits_{h\to 0+}\dfrac{g(h)}{h}\le\lim\limits_{h\to 0+}\dfrac{12h+f(h)}{h}$에서
$12-f'(0)\le\lim\limits_{h\to 0+}\dfrac{g(h)}{h}\le 12+f'(0)$
$\therefore \lim\limits_{h\to 0+}\dfrac{g(h)}{h}=12\;(\because f'(0)=0)$ ······ ㉡
$h<0$일 때 ㉠의 각 변을 $h$로 나누면
$\dfrac{12h-f(h)}{h}\ge\dfrac{g(h)}{h}\ge\dfrac{12h+f(h)}{h}$이므로
$\lim\limits_{h\to 0-}\dfrac{12h-f(h)}{h}\ge\lim\limits_{h\to 0-}\dfrac{g(h)}{h}\ge\lim\limits_{h\to 0-}\dfrac{12h+f(h)}{h}$에서
$12-f'(0)\ge\lim\limits_{h\to 0-}\dfrac{g(h)}{h}\ge 12+f'(0)$
$\therefore \lim\limits_{h\to 0-}\dfrac{g(h)}{h}=12\;(\because f'(0)=0)$ ······ ㉢
따라서 ㉡, ㉢에 의하여
$g'(0)=\lim\limits_{h\to 0}\dfrac{g(h)}{h}=12$

## 115 답 ⑤

$|x^3-3x^2+2|=a(x+1)+2$에서
$f(x)=x^3-3x^2+2$라 하면
$f'(x)=3x^2-6x=3x(x-2)$

$f'(x)=0$에서 $x=0$ 또는 $x=2$
함수 $f(x)$의 증가와 감소를 표로 나타내면 다음과 같다.

| $x$ | $\cdots$ | 0 | $\cdots$ | 2 | $\cdots$ |
|---|---|---|---|---|---|
| $f'(x)$ | $+$ | 0 | $-$ | 0 | $+$ |
| $f(x)$ | ↗ | 극대 | ↘ | 극소 | ↗ |

즉, 함수 $f(x)$는 $x=0$에서 극댓값 $f(0)=2$를 갖고, $x=2$에서 극솟값 $f(2)=-2$를 갖는다.
즉, 함수 $y=|f(x)|$의 그래프는 다음 그림과 같다.

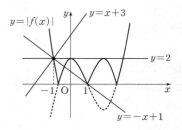

한편, 직선 $y=a(x+1)+2$는 점 $A(-1,\ 2)$를 항상 지나는 직선이고, 주어진 방정식의 서로 다른 실근의 개수는 곡선 $y=|f(x)|$와 직선 $y=a(x+1)+2$의 교점의 개수와 같다.

(ⅰ) $a=-1$일 때
  $y=|f(x)|$와 직선 $y=-x+1$의 교점의 개수는 3이므로
  $g(-1)=3$
(ⅱ) $a=0$일 때
  $y=|f(x)|$와 직선 $y=2$의 교점의 개수는 4이므로
  $g(0)=4$
(ⅲ) $a=1$일 때
  $y=|f(x)|$와 직선 $y=x+3$의 교점의 개수는 2이므로
  $g(1)=2$
(ⅰ), (ⅱ), (ⅲ)에서
$g(-1)+g(0)+g(1)=3+4+2=9$

## 116 답 4

삼차함수 $f(x)$의 최고차항의 계수가 1이므로
$f(x)=x^3+ax^2+bx+c\;(a,\ b,\ c$는 상수)라 하면
$f'(x)=3x^2+2ax+b$
조건 (가)에서 모든 실수 $t$에 대하여 $f'(2-t)=f'(2+t)$이므로
함수 $y=f'(t)$의 그래프는 직선 $t=2$에 대하여 대칭이다.
즉, $-\dfrac{1}{3}a=2$ $\quad\therefore a=-6$
즉, $f(x)=x^3-6x^2+bx+c$이고
$f'(x)=3x^2-12x+b$
점 $(0,\ k)$에서 곡선 $y=f(x)$에 그은 접선의 접점의 좌표를 $(t,\ t^3-6t^2+bt+c)$라 하면 이 접선의 기울기는
$f'(t)=3t^2-12t+b$이므로 접선의 방정식은
$y-(t^3-6t^2+bt+c)=(3t^2-12t+b)(x-t)$
$\therefore y=(3t^2-12t+b)x-2t^3+6t^2+c$
이 접선이 점 $(0,\ k)$를 지나므로
$k=-2t^3+6t^2+c$
조건 (나)에서 점 $(0,\ k)$에서 곡선 $y=f(x)$에 그은 접선의 개수가

2이므로 $t$에 대한 삼차방정식 $k=-2t^3+6t^2+c$가 서로 다른 두 실근을 갖는다.

$g(x)=-2x^3+6x^2+c$라 하면

$g'(x)=-6x^2+12x=-6x(x-2)$

$g'(x)=0$에서 $x=0$ 또는 $x=2$

함수 $g(x)$의 증가와 감소를 표로 나타내면 다음과 같다.

| $x$ | $\cdots$ | $0$ | $\cdots$ | $2$ | $\cdots$ |
|---|---|---|---|---|---|
| $g'(x)$ | $-$ | $0$ | $+$ | $0$ | $-$ |
| $g(x)$ | $\searrow$ | 극소 | $\nearrow$ | 극대 | $\searrow$ |

즉, 함수 $y=g(x)$의 그래프의 개형은 다음 그림과 같다.

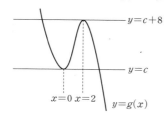

$g(0)=c$, $g(2)=c+8$이므로 $k=c$ 또는 $k=c+8$일 때 직선 $y=k$와 곡선 $y=g(x)$가 서로 다른 두 점에서 만난다.

이때 두 점 $(0, k)$, $(0, -k)$ $(k>0)$에서 곡선 $y=f(x)$에 그은 접선이 각각 두 개씩이므로

$k=c+8$, $-k=c$

따라서 $k=-k+8$에서

$k=4$

## 117  답 12

사차함수 $f(x)$의 최고차항의 계수가 1이므로

$f(x)=x^4+ax^3+bx^2+cx+d$ ($a$, $b$, $c$, $d$는 상수)라 하면

$f'(x)=4x^3+3ax^2+2bx+c$ ······ ㉠

조건 (가)에서 모든 실수 $x$에 대하여 $f(2-x)=f(2+x)$이므로 함수 $y=f(x)$의 그래프는 직선 $x=2$에 대하여 대칭이다.

즉, 함수 $f(x)$는 $x=2$에서 극댓값을 갖는다.

다음 그림과 같이 사차함수 $y=f(x)$의 그래프가 직선 $x=2$에 대하여 대칭이고 방정식 $f(|x|)=3$의 서로 다른 실근의 개수가 3이려면 함수 $f(x)$는 $x=0$과 $x=4$에서 극솟값을 갖고 $f(0)=f(4)=3$이어야 한다.

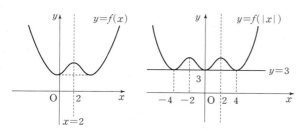

즉, $f'(0)=f'(2)=f'(4)=0$이므로

$f'(x)=4x(x-2)(x-4)=4x^3-24x^2+32x$ ······ ㉡

㉠=㉡에서

$3a=-24$, $2b=32$, $c=0$

$\therefore a=-8$, $b=16$, $c=0$

또한, $f(0)=f(4)=3$이므로

$d=3$

따라서 $f(x)=x^4-8x^3+16x^2+3$이므로

$f(1)=1-8+16+3=12$

## 118  답 ④

함수 $y=-f(-x)$의 그래프는 $y=f(x)$의 그래프를 원점에 대하여 대칭이동한 것이고, 함수 $y=|g(x)|$의 그래프는 함수 $y=g(x)$의 그래프에서 $y≥0$인 부분은 그대로 두고 $y<0$인 부분을 $x$축에 대하여 대칭이동한 것이다.

조건 (가)에 의하여

$\lim\limits_{x \to 0+} f(x)=\lim\limits_{x \to 0-} f(x)=f(0)$이므로

$-f(0)=f(0)$에서 $f(0)=0$

따라서 함수 $y=f(x)$와 $y=|g(x)|$의 그래프의 개형은 다음 그림과 같다.

(i) 함수 $f(x)$가 극값을 갖지 않는 경우

　㉠ $f'(0)=0$일 때

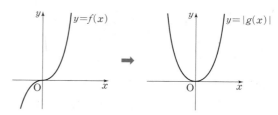

　　함수 $|g(x)|$의 미분가능하지 않은 점의 개수가 0이다.

　㉡ $f'(0)>0$일 때

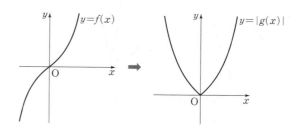

　　함수 $|g(x)|$의 미분가능하지 않은 점의 개수가 1이다.

(ii) 함수 $f(x)$가 $f(0)$을 극값으로 갖는 경우

　㉠

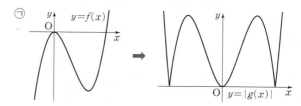

　　함수 $|g(x)|$의 미분가능하지 않은 점의 개수가 2이다.

　㉡

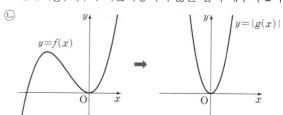

　　함수 $|g(x)|$의 미분가능하지 않은 점의 개수가 0이다.

(iii) 함수 $f(x)$가 $x=\alpha$, $x=\beta$ $(\alpha>0, \beta>0)$에서 극값을 갖는 경우

㉠ $f(\alpha)f(\beta)\geq0$일 때

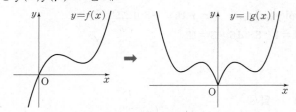

함수 $|g(x)|$의 미분가능하지 않은 점의 개수는 1이다.

㉡ $f(\alpha)f(\beta)<0$일 때

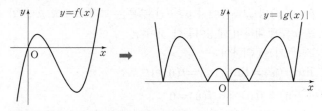

함수 $|g(x)|$의 미분가능하지 않은 점의 개수는 5이다.

(iv) 함수 $f(x)$가 $x=\alpha$, $x=\beta$ $(\alpha<0, \beta>0)$에서 극값을 갖는 경우

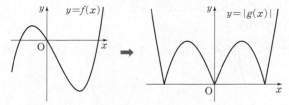

함수 $|g(x)|$의 미분가능하지 않은 점의 개수는 3이다.

(v) 함수 $f(x)$가 $x=\alpha$, $x=\beta$ $(\alpha<0, \beta<0)$에서 극값을 갖는 경우

㉠ $f(\alpha)f(\beta)\geq0$일 때

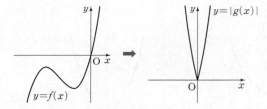

함수 $|g(x)|$의 미분가능하지 않은 점의 개수는 1이다.

㉡ $f(\alpha)f(\beta)<0$일 때

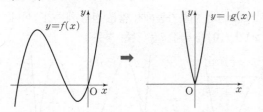

함수 $|g(x)|$의 미분가능하지 않은 점의 개수는 1이다.

ㄱ. $k=1$일 때, 함수 $f(x)$는 극값을 갖는 경우도 있고, 갖지 않는 경우도 있다. (거짓)

ㄴ. $k=2$일 때, (ii)의 ㉠에 의하여 함수 $f(x)$는 $f(0)=0$, $f'(0)=0$을 만족시키고, $x$축과 $x=t$ $(t>0)$에서 만나므로 $f(x)=x^2(x-t)$라 할 수 있다.

$|g(1)|=1$에서

$f(1)=-1$ 또는 $f(1)=1$

$f(1)=-1$일 때

$f(1)=1-t=-1$에서 $t=2$

$f(x)=x^2(x-2)=x^3-2x^2$이므로

$f'(x)=3x^2-4x=x(3x-4)=0$

즉, 극솟값은 $f\left(\dfrac{4}{3}\right)=\dfrac{64}{27}-\dfrac{32}{9}=-\dfrac{32}{27}$

$f(1)=1$일 때

$f(1)=1-t=1$에서 $t=0$이므로 조건을 만족시키지 않는다.

즉, 함수 $f(x)$의 극솟값은 $-\dfrac{32}{27}$이다. (참)

ㄷ. $k=3$일 때 (iv)에서 함수 $f(x)$의 (극댓값)$\times$(극솟값)$<0$이다. (참)

따라서 옳은 것은 ㄴ, ㄷ이다.

**119**  답 50

조건 (가)에 의하여 함수 $y=f(x)$의 그래프는 점 $(0, 2)$에 대하여 대칭이다.

이때 조건 (나)에서 함수 $f(x)$의 극값 중 하나는 0이고, 삼차함수가 극값을 가지면 극댓값과 극솟값을 모두 가지므로 다른 한 극값은 4이다.

$\therefore p=4$

즉, 함수 $f(x)$가 $x=\alpha$ $(\alpha\neq0)$에서 극솟값 0을 갖는다고 하면 $x=-\alpha$에서 극댓값 4를 갖고, 함수 $y=f(x)$의 그래프의 개형은 다음 그림과 같다.

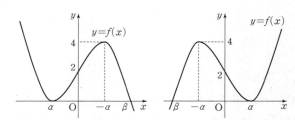

$f(x)=a(x-\beta)(x-\alpha)^2=a(x-\beta)(x^2-2\alpha+\alpha^2)$

$(a, \alpha, \beta$는 상수, $a\neq0, \alpha\neq\beta)$이라 하면

$f'(x)=a(x-\alpha)^2+2a(x-\beta)(x-\alpha)$
$\qquad=a(x-\alpha)(3x-\alpha-2\beta)$

$f'(-\alpha)=0$이므로

$a(-\alpha-\alpha)(-3\alpha-\alpha-2\beta)=0$에서

$-4\alpha-2\beta=0$ $(\because a\alpha\neq0)$  $\therefore \beta=-2\alpha$

$f(-\alpha)=4$이므로

$a(-\alpha+2\alpha)(-\alpha-\alpha)^2=4$ $(\because \beta=-2\alpha)$

$a\alpha\times4\alpha^2=4$  $\therefore a\alpha^3=1$  ...... ㉠

(i) $a<0$인 경우

함수 $y=|f(x)|$의 그래프의 개형은 다음 그림과 같다.

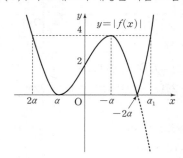

이때 방정식 $|f(x)|=4$의 양의 실근 중 $-a$가 아닌 것을 $a_1$ 이라 하면 $t>0$에서 함수 $g(t)$와 그 그래프는 다음과 같다.

$$g(t)=\begin{cases} 4 & (0<t<-a) \\ 3 & (t=-a) \\ 4 & (-a<t<-2a) \\ 2 & (t=-2a) \\ 4 & (-2a<t<a_1) \\ 3 & (t=a_1) \\ 2 & (t>a_1) \end{cases},$$

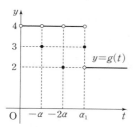

함수 $g(t)$가 $t=q$에서 불연속이 되도록 하는 양의 실수 $q$의 값은 $-a$, $-2a$, $a_1$이다.

이때 조건 (다)에 의하여 $-a+(-2a)=3$이므로

$-3a=3$    $\therefore a=-1$

$a=-1$을 ㉠에 대입하면 $a=-1$이므로

$f(x)=-(x-2)(x+1)^2$

$\therefore |f(p)|=|f(4)|=|-2\times25|=|-50|=50$

(ii) $a>0$인 경우

함수 $y=|f(x)|$의 그래프의 개형은 다음 그림과 같다.

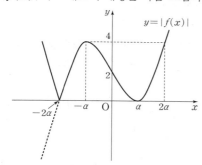

즉, $t>0$에서 함수 $g(t)$와 그 그래프는 다음과 같다.

$$g(t)=\begin{cases} 4 & (0<t<a) \\ 2 & (t=a) \\ 4 & (a<t<2a) \\ 3 & (t=2a) \\ 2 & (t>2a) \end{cases},$$

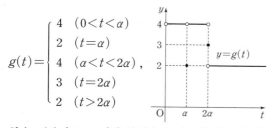

함수 $g(t)$가 $t=q$에서 불연속이 되도록 하는 양의 실수 $q$의 값은 $a$, $2a$이므로 조건 (다)를 만족시키지 않는다.

(i), (ii)에서 $|f(p)|=50$

## 120   답 490

(i) 최고차항의 계수가 1인 사차함수 $f(x)$가 $x=a$에서만 극값을 갖는 경우

ⓐ 두 함수 $y=f(x)$와 $y=g(t)$의 그래프의 개형이 각각 다음 그림과 같은 경우

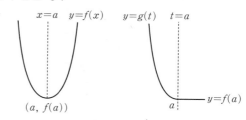

즉, $g(x)=\begin{cases} f(x) & (x<a) \\ f(a) & (x\geq a) \end{cases}$ 이므로

$h(x)=\begin{cases} 0 & (x<a) \\ f(x)-f(a) & (x\geq a) \end{cases}$

이고 함수 $y=h(x)$의 그래프의 개형은 다음 그림과 같다.

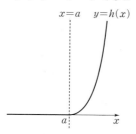

ⓑ 두 함수 $y=f(x)$와 $y=g(t)$의 그래프의 개형이 각각 다음 그림과 같은 경우

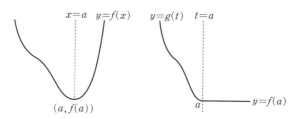

즉, $g(x)=\begin{cases} f(x) & (x<a) \\ f(a) & (x\geq a) \end{cases}$ 이므로

$h(x)=\begin{cases} 0 & (x<a) \\ f(x)-f(a) & (x\geq a) \end{cases}$

이고 함수 $y=h(x)$의 그래프의 개형은 다음 그림과 같다.

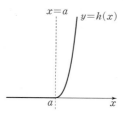

ⓒ 두 함수 $y=f(x)$와 $y=g(t)$의 그래프의 개형이 각각 다음 그림과 같은 경우

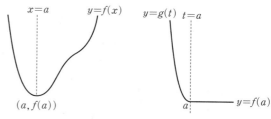

즉, $g(x)=\begin{cases} f(x) & (x<a) \\ f(a) & (x\geq a) \end{cases}$ 이므로

$$h(x)=\begin{cases} 0 & (x<a) \\ f(x)-f(a) & (x\geq a) \end{cases}$$

이고 함수 $y=h(x)$의 그래프의 개형은 다음 그림과 같다.

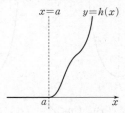

ⓐ, ⓑ, ⓒ에서 함수 $h(x)$는 실수 전체의 집합에서 미분가능하므로 조건 (나)를 만족시키지 않는다.

(ii) 최고차항의 계수가 1인 사차함수 $f(x)$가
$x=a$, $x=b$, $x=c$ $(a<b<c)$에서 극값을 갖고
$f(a)<f(c)$인 경우
두 함수 $y=f(x)$와 $y=g(t)$의 그래프의 개형은 각각 다음 그림과 같다.

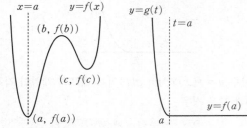

즉, $g(x)=\begin{cases} f(x) & (x<a) \\ f(a) & (x\geq a) \end{cases}$ 이므로

$$h(x)=\begin{cases} 0 & (x<a) \\ f(x)-f(a) & (x\geq a) \end{cases}$$

이고 함수 $y=h(x)$의 그래프의 개형은 다음 그림과 같다.

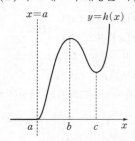

이때 함수 $h(x)$는 실수 전체의 집합에서 미분가능하므로 조건 (나)를 만족시키지 않는다.

(iii) 최고차항의 계수가 1인 사차함수 $f(x)$가
$x=a$, $x=b$, $x=c$ $(a<b<c)$에서 극값을 갖고
$f(a)=f(c)$인 경우
두 함수 $y=f(x)$와 $y=g(t)$의 그래프의 개형은 각각 다음 그림과 같다.

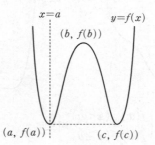

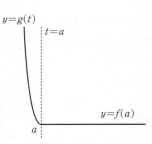

즉, $g(x)=\begin{cases} f(x) & (x<a) \\ f(a) & (x\geq a) \end{cases}$ 이므로

$$h(x)=\begin{cases} 0 & (x<a) \\ f(x)-f(a) & (x\geq a) \end{cases}$$

이고 함수 $y=h(x)$의 그래프의 개형은 다음 그림과 같다.

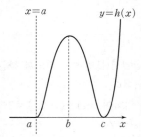

이때 함수 $h(x)$는 실수 전체의 집합에서 미분가능하므로 조건 (나)를 만족시키지 않는다.

(iv) 최고차항의 계수가 1인 사차함수 $f(x)$가
$x=a$, $x=b$, $x=c$ $(a<b<c)$에서 극값을 갖고
$f(a)>f(c)$인 경우
곡선 $y=f(x)$와 직선 $y=f(a)$의 교점의 $x$좌표 중 $a$가 아닌 것을 각각 $d$, $e$ $(d<e)$라 하면 두 함수 $y=f(x)$와 $y=g(t)$의 그래프의 개형은 각각 다음 그림과 같다.

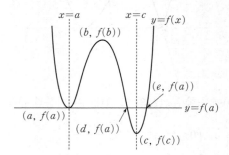

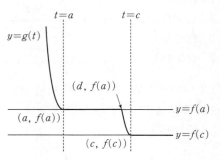

즉, $g(x)=\begin{cases} f(x) & (x<a) \\ f(a) & (a\leq x<d) \\ f(x) & (d\leq x<c) \\ f(c) & (x\geq c) \end{cases}$ 이므로

$$h(x)=\begin{cases} 0 & (x<a) \\ f(x)-f(a) & (a\leq x<d) \\ 0 & (d\leq x<c) \\ f(x)-f(c) & (x\geq c) \end{cases}$$

이고 함수 $y=h(x)$의 그래프의 개형은 다음 그림과 같다.

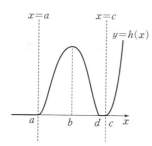

이때 함수 $h(x)$는 $x=d$에서 미분가능하지 않으므로 조건 (나)에 의하여 $d=0$이다.

또한, 조건 (다)에 의하여

$c=2$      ······ ㉠

이때 $g(0)=f(a)$이므로 함수 $y=f(x)-g(0)$의 그래프의 개형은 다음 그림과 같다.

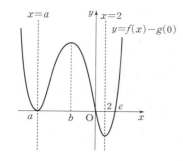

즉, 곡선 $y=f(x)-g(0)$은 $x=a$에서 $x$축에 접하므로

$f(x)-g(0)=x(x-a)^2(x-e)$

위의 식의 양변을 $x$에 대하여 미분하면

$f'(x)=(x-a)^2(x-e)+2x(x-a)(x-e)+x(x-a)^2$

이때 ㉠에서 $f'(c)=f'(2)=0$이므로 위의 식의 양변에 $x=2$를 대입하면

$0=(2-a)^2(2-e)+4(2-a)(2-e)+2(2-a)^2$

$0=(2-a)(2-e)+4(2-e)+2(2-a)$   $(\because 2-a>0)$

$\therefore ae-4a-6e+16=0$    ······ ㉡

이때 조건 (가)에서 방정식 $f(x)-g(0)=0$을 만족시키는 서로 다른 실근의 합이 1이므로

$a+e=1$에서

$e=-a+1$

$e=-a+1$을 ㉡에 대입하여 정리하면

$a^2-3a-10=0$

$(a+2)(a-5)=0$

$\therefore a=-2$ $(\because a<0)$

$a=-2$를 $e=-a+1$에 대입하면

$e=3$

따라서 $f(x)-g(0)=x(x+2)^2(x-3)$이므로

$f(5)-g(0)=5\times49\times2=490$

## 121   답 48

삼차함수 $f(x)$가 극값을 갖지 않으면 함수 $|f(x)|$의 극값의 개수는 1이므로 조건 (가)를 만족시키지 않는다.

즉, 함수 $f(x)$는 극댓값과 극솟값을 가져야 한다.

함수 $f(x)$가 $x=a$에서 극댓값을 갖고 $x=b$에서 극솟값을 갖는다고 하자.

(i) 함수 $y=f(x)$의 그래프가 $x$축과 한 점에서 만나는 경우

함수 $y=f(x)$의 그래프가 $x$축과 만나는 점의 $x$좌표를 $c$라 하면 다음 그림과 같이 함수 $|f(x)|$는 $x=a$, $x=b$, $x=c$에서 서로 다른 극값을 가지므로 서로 다른 극값의 개수가 3이 되어 조건 (가)를 만족시키지 않는다.

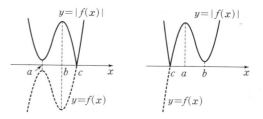

(ii) 함수 $y=f(x)$의 그래프가 $x$축과 서로 다른 두 점에서 만나는 경우

함수 $y=f(x)$의 그래프가 극대 또는 극소인 점에서 $x$축에 접하므로 함수 $y=f(x)$의 그래프가 $x$축과 만나는 점 중 극값을 갖는 점이 아닌 점의 $x$좌표를 $c$라 하면 다음 그림과 같이 함수 $|f(x)|$는 $x=c$에서 극소이다.

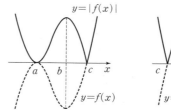 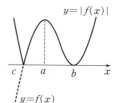

이때 $f(a)=f(c)=0$ 또는 $f(b)=f(c)=0$이므로 조건 (가)를 만족시킨다.

㉠ $f(a)=f(c)=0$인 경우

조건 (나)에서 함수 $|f(x)|$는

$x=0$에서 극소이고,

$x=1$에서 극대이므로

$f(0)=f(c)=0$,

$f'(0)=f'(1)=0$

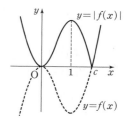

즉, 함수 $y=f(x)$의 그래프가 $x$축과 원점에서 접하므로

$f(x)=x^2(x-c)$

위의 식의 양변을 $x$에 대하여 미분하면

$f'(x)=2x(x-c)+x^2=3x^2-2cx$

$f'(1)=0$에서

$3-2c=0$   $\therefore c=\dfrac{3}{2}$

즉, $f(x)=x^2\left(x-\dfrac{3}{2}\right)$이므로

$f(4)=16\times\dfrac{5}{2}=40$

ⓛ $f(b)=f(c)=0$인 경우

조건 (나)에서 함수 $|f(x)|$는

$x=0$에서 극소이고,

$x=1$에서 극대이므로

$f(0)=f(b)=0$,

$f'(1)=f'(b)=0$

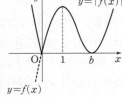

즉, 함수 $y=f(x)$의 그래프가 $x$축과 $x=b$인 점에서 접하므로

$f(x)=x(x-b)^2=x(x^2-2b+b^2)$

위의 식의 양변을 $x$에 대하여 미분하면

$f'(x)=(x-b)^2+2x(x-b)$

$\qquad =(x-b)(3x-b)$

$f'(1)=0$에서

$(1-b)(3-b)=0$

$\therefore b=3 \ (\because b\neq1)$

즉, $f(x)=x(x-3)^2$이므로

$f(4)=4$

(iii) 함수 $y=f(x)$의 그래프가 $x$축과 서로 다른 세 점에서 만나는 경우

조건 (가)를 만족시키려면 $|f(a)|=|f(b)|$이어야 하고, 함수 $y=f(x)$의 그래프가 $x$축과 만나는 점의 $x$좌표를 $c_1$, $c_2$, $c_3 \ (c_1<c_2<c_3)$이라 하면 다음 그림과 같이 함수 $y=f(x)$의 그래프는 점 $(c_2, 0)$에 대하여 대칭이므로

$c_2=\dfrac{a+b}{2}=\dfrac{c_1+c_3}{2}$

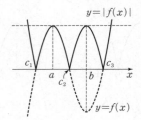

이때 조건 (나)에서 함수 $|f(x)|$가 $x=0$에서 극소이고, $x=1$에서 극대이므로 다음과 같이 경우를 나누어 생각해 보자.

㉠ $c_1=0$, $a=1$인 경우

$c_3=2c_2$이고

$f(0)=f(c_2)=f(2c_2)=0$,

$f'(1)=f'(b)=0$

이므로

$f(x)=x(x-c_2)(x-2c_2)$

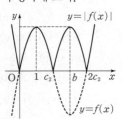

위의 식의 양변을 $x$에 대하여 미분하면

$f'(x)=(x-c_2)(x-2c_2)+x(x-2c_2)+x(x-c_2)$

$f'(1)=0$에서

$(1-c_2)(1-2c_2)+1-2c_2+1-c_2=0$

$2c_2{}^2-6c_2+3=0$

$\therefore c_2=\dfrac{3+\sqrt{3}}{2} \ (\because c_2>1)$

즉, $f(x)=x\left(x-\dfrac{3+\sqrt{3}}{2}\right)(x-3-\sqrt{3})$이므로

$f(4)=4\times\left(\dfrac{5}{2}-\dfrac{\sqrt{3}}{2}\right)(1-\sqrt{3})=16-12\sqrt{3}$

ⓛ $c_1=0$, $b=1$인 경우

$c_3=2c_2$이고

$f(0)=f(c_2)=f(2c_2)=0$,

$f'(a)=f'(1)=0$

이므로

$f(x)=x(x-c_2)(x-2c_2)$

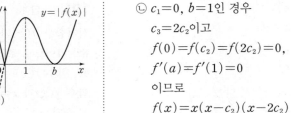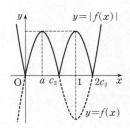

위의 식의 양변을 $x$에 대하여 미분하면

$f'(x)=(x-c_2)(x-2c_2)+x(x-2c_2)+x(x-c_2)$

$f'(1)=0$에서

$(1-c_2)(1-2c_2)+1-2c_2+1-c_2=0$

$2c_2{}^2-6c_2+3=0$

$\therefore c_2=\dfrac{3-\sqrt{3}}{2} \ (\because c_2<1)$

즉, $f(x)=x\left(x-\dfrac{3-\sqrt{3}}{2}\right)(x-3+\sqrt{3})$이므로

$f(4)=4\times\left(\dfrac{5}{2}+\dfrac{\sqrt{3}}{2}\right)(1+\sqrt{3})=16+12\sqrt{3}$

㉢ $c_2=0$, $b=1$인 경우

$c_1=-c_3$이고

$f(-c_3)=f(0)=f(c_3)=0$,

$f'(a)=f'(1)=0$

이므로

$f(x)=x(x+c_3)(x-c_3)$

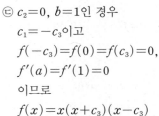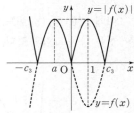

위의 식의 양변을 $x$에 대하여 미분하면

$f'(x)=(x+c_3)(x-c_3)+x(x-c_3)+x(x+c_3)$

$f'(1)=0$에서

$(1+c_3)(1-c_3)+1-c_3+1+c_3=0$

$c_3{}^2-3=0$

$\therefore c_3=\sqrt{3} \ (\because c_3>0)$

즉, $f(x)=x(x+\sqrt{3})(x-\sqrt{3})$이므로

$f(4)=4\times(4+\sqrt{3})(4-\sqrt{3})=52$

(i), (ii), (iii)에서 $f(4)$의 최댓값은 52, 최솟값은 $16-12\sqrt{3}$이므로

$M=52$, $m=16-12\sqrt{3}$

$\therefore M-m=52-(16-12\sqrt{3})=36+12\sqrt{3}$

따라서 $p=36$, $q=12$이므로

$p+q=36+12=48$

## 122   답 12

$f'(x)=3x^2+4x+5$에서

$f(x)=\int f'(x)\,dx=\int (3x^2+4x+5)\,dx$

$\quad\quad =x^3+2x^2+5x+C$ (단, $C$는 적분상수)

$f(0)=4$이므로 $C=4$

따라서 $f(x)=x^3+2x^2+5x+4$이므로

$f(1)=1+2+5+4=12$

## 123   답 ④

$f(x)=\int \left(\dfrac{1}{2}x^3+2x+1\right)dx-\int \left(\dfrac{1}{2}x^3+x\right)dx$

$\quad =\int \left\{\left(\dfrac{1}{2}x^3+2x+1\right)-\left(\dfrac{1}{2}x^3+x\right)\right\}dx$

$\quad =\int (x+1)\,dx$

$\quad =\dfrac{1}{2}x^2+x+C$ (단, $C$는 적분상수)

$f(0)=1$이므로 $C=1$

따라서 $f(x)=\dfrac{1}{2}x^2+x+1$이므로

$f(4)=8+4+1=13$

## 124   답 ⑤

$\displaystyle\int_5^2 2t\,dt-\int_5^0 2t\,dt=\int_5^2 2t\,dt+\int_0^5 2t\,dt$

$\quad\quad\quad\quad\quad\quad\quad =\int_0^5 2t\,dt+\int_5^2 2t\,dt$

$\quad\quad\quad\quad\quad\quad\quad =\int_0^2 2t\,dt$

$\quad\quad\quad\quad\quad\quad\quad =\Big[t^2\Big]_0^2$

$\quad\quad\quad\quad\quad\quad\quad =4$

## 125   답 4

$f(x)=\displaystyle\int_0^x (2at+1)\,dt$의 양변을 $x$에 대하여 미분하면

$f'(x)=2ax+1$

이때 $f'(2)=17$이므로

$f'(2)=4a+1=17$

$4a=16$

$\therefore a=4$

## 126   답 32

$y=-x^2+4x-4=-(x-2)^2$

이므로 곡선 $y=-x^2+4x-4$와
$x$축 및 $y$축으로 둘러싸인 부분의
넓이 $S$는

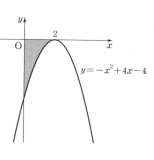

$S=\displaystyle\int_0^2 |-x^2+4x-4|\,dx$

$\quad =\int_0^2 (x^2-4x+4)\,dx$

$\quad =\Big[\dfrac{1}{3}x^3-2x^2+4x\Big]_0^2=\dfrac{8}{3}$

$\therefore 12S=32$

## 127   답 ①

곡선 $y=x^2-5x$와 직선 $y=x$의 교점의 $x$좌표는

$x^2-5x=x$에서

$x^2-6x=0$, $x(x-6)=0$

$\therefore x=0$ 또는 $x=6$

즉, 곡선 $y=x^2-5x$와 직선 $y=x$로 둘러싸인 부분의 넓이는

$\displaystyle\int_0^6 \{x-(x^2-5x)\}\,dx=\int_0^6 (-x^2+6x)\,dx$

$\quad\quad\quad\quad\quad\quad\quad\quad =\Big[-\dfrac{1}{3}x^3+3x^2\Big]_0^6$

$\quad\quad\quad\quad\quad\quad\quad\quad =-72+108=36$

이때 직선 $x=k$가 곡선 $y=x^2-5x$와 직
선 $y=x$로 둘러싸인 부분의 넓이를 이등
분하려면 $0<k<6$이어야 한다.

또한,

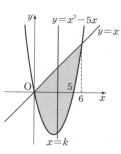

$\displaystyle\int_0^k (-x^2+6x)\,dx=\Big[-\dfrac{1}{3}x^3+3x^2\Big]_0^k$

$\quad\quad\quad\quad\quad\quad\quad\quad =-\dfrac{1}{3}k^3+3k^2$

$\quad\quad\quad\quad\quad\quad\quad\quad =18$

$k^3-9k^2+54=0$, $(k-3)(k^2-6k-18)=0$

$\therefore k=3 \ (\because 0<k<6)$

## 128   답 ②

점 P가 운동 방향을 바꿀 때의 속도는 0이므로 $v(t)=0$에서

$t^2-4t+3=0$, $(t-1)(t-3)=0$

$\therefore t=1$ 또는 $t=3$     $\therefore a=3$

$0\le t\le 1$일 때 $v(t)\ge 0$, $1\le t\le 3$일 때 $v(t)\le 0$이므로 점 P가 시
각 $t=0$에서 $t=3$까지 움직인 거리는

$\displaystyle\int_0^3 |v(t)|\,dt=\int_0^1 v(t)\,dt+\int_1^3 \{-v(t)\}\,dt$

$\quad\quad\quad\quad =\int_0^1 (t^2-4t+3)\,dt+\int_1^3 (-t^2+4t-3)\,dt$

$\quad\quad\quad\quad =\Big[\dfrac{1}{3}t^3-2t^2+3t\Big]_0^1+\Big[-\dfrac{1}{3}t^3+2t^2-3t\Big]_1^3$

$\quad\quad\quad\quad =\dfrac{4}{3}+\dfrac{4}{3}=\dfrac{8}{3}$

**129** 답 12

$f'(x)=6x^2+4$이므로

$$f(x)=\int (6x^2+4)\,dx$$
$$=2x^3+4x+C\ (단,\ C는\ 적분상수)$$

함수 $y=f(x)$의 그래프가 점 $(0,\ 6)$을 지나므로

$C=6$

따라서 $f(x)=2x^3+4x+6$이므로

$f(1)=2+4+6=12$

**130** 답 ④

함수 $F(x)$는 함수 $f(x)$의 한 부정적분이므로

$$F(x)=\begin{cases} x^3-2x+C_1 & (x\leq 1) \\ x^2-x+C_2 & (x>1) \end{cases}\ (단,\ C_1,\ C_2는\ 적분상수)$$

$\displaystyle\lim_{x\to 0}\dfrac{F(x)+1}{x^2+2x}=-1$에서 $x\to 0$일 때, 극한값이 존재하고

(분모) $\to 0$이므로 (분자) $\to 0$이어야 한다.

$F(0)+1=0,\ F(0)=-1$

$\therefore C_1=-1$

또한, 함수 $F(x)$가 실수 전체의 집합에서 미분가능하므로 실수 전체의 집합에서 연속이고, $x=1$에서도 연속이다.

즉, $\displaystyle\lim_{x\to 1+}F(x)=\lim_{x\to 1-}F(x)=F(1)$이어야 하므로

$1-1+C_2=1-2-1$    $\therefore C_2=-2$

따라서 $F(x)=\begin{cases} x^3-2x-1 & (x\leq 1) \\ x^2-x-2 & (x>1) \end{cases}$이므로

$F(3)=9-3-2=4$

**131** 답 11

$g(x)=f(x)-f(4)$라 하면

$g'(x)=f'(x)$

조건 (가)에서 $g'(0)=f'(0)=0$

함수 $g(x)$도 최고차항의 계수가 1인 삼차함수이므로 조건 (나)에서 함수 $y=g(x)$의 그래프의 개형은 오른쪽 그림과 같다.

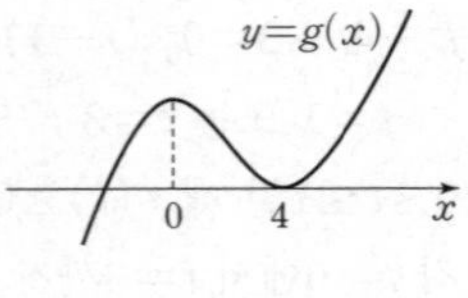

즉, $f'(0)=f'(4)=0$이므로

$f'(x)=3x(x-4)$

$$f(x)=\int f'(x)\,dx=\int (3x^2-12x)\,dx$$
$$=x^3-6x^2+C\ (단,\ C는\ 적분상수)$$

이때, 함수 $f(x)$의 모든 극값의 합이 0이므로

$f(0)+f(4)=C+(-32+C)=2C-32=0$

$\therefore C=16$

따라서 $f(x)=x^3-6x^2+16$이므로

$f(1)=1-6+16=11$

**132** 답 ④

$f'(x)=g(x)$이므로

$$f(x)=\int g(x)\,dx$$
$$=\int (x^3+3x^2-9x+a)\,dx$$
$$=\frac{1}{4}x^4+x^3-\frac{9}{2}x^2+ax+C\ (단,\ C는\ 적분상수)\ \cdots\cdots\ ㉠$$

$g'(x)=h(x)$이므로

$$h(x)=g'(x)=3x^2+6x-9$$
$$=3(x+3)(x-1)$$

$f(x)$를 $h(x)$로 나누었을 때의 몫을 $Q(x)$라 하면

$f(x)=h(x)Q(x)=3(x+3)(x-1)Q(x)$

$f(-3)=f(1)=0$이므로 ㉠에서

$f(-3)=\dfrac{81}{4}-27-\dfrac{81}{2}-3a+C=0$

$\therefore 3a-C=-\dfrac{189}{4}\ \cdots\cdots\ ㉡$

$f(1)=\dfrac{1}{4}+1-\dfrac{9}{2}+a+C=0$

$\therefore a+C=\dfrac{13}{4}\ \cdots\cdots\ ㉢$

㉡, ㉢을 연립하여 풀면

$a=-11,\ C=\dfrac{57}{4}$

따라서 $f(0)=C=\dfrac{57}{4}$, $g(0)=a=-11$이므로

$4f(0)+g(0)=4\times\dfrac{57}{4}+(-11)=46$

**133** 답 18

두 조건 (가), (나)에서 다항식 $Q_1(x)$, $Q_2(x)$에 대하여

$f(x)+2=(x-1)^2Q_1(x)$, $f(x)-2=(x+1)^2Q_2(x)$라 하면

$f(1)=-2$, $f(-1)=2$

또한, 두 조건 (가), (나)에서 $f'(1)=f'(-1)=0$이므로

$f'(x)=a(x+1)(x-1)=a(x^2-1)\ (a\neq 0인\ 상수)$

라 할 수 있다. 이때

$$f(x)=\int a(x^2-1)\,dx$$
$$=a\Big(\frac{1}{3}x^3-x\Big)+C\ (단,\ C는\ 적분상수)$$

이고 $f(1)=-2$, $f(-1)=2$이므로

$-\dfrac{2}{3}a+C=-2,\ \dfrac{2}{3}a+C=2$

$\therefore a=3,\ C=0$

따라서 $f(x)=3\Big(\dfrac{1}{3}x^3-x\Big)=x^3-3x$이므로

$f(3)=27-9=18$

**134** 답 ③

주어진 그래프에서 $f'(x)=\begin{cases} 1 & (x<-1) \\ -x & (-1\le x\le 1) \\ x-2 & (x>1) \end{cases}$ 이므로

$f(x)=\begin{cases} x+C_1 & (x<-1) \\ -\dfrac{1}{2}x^2+C_2 & (-1<x<1) \\ \dfrac{1}{2}x^2-2x+C_3 & (x>1) \end{cases}$ (단, $C_1$, $C_2$, $C_3$은 적분상수)

이때 $f(0)=0$이므로

$C_2=0$

미분가능한 함수는 모든 실수 $x$에서 연속이므로 함수 $f(x)$는 $x=-1$, $x=1$에서 연속이다.

$\lim\limits_{x\to-1+}f(x)=\lim\limits_{x\to-1-}f(x)=f(-1)$에서

$-\dfrac{1}{2}=-1+C_1$  $\therefore C_1=\dfrac{1}{2}$

$\lim\limits_{x\to1+}f(x)=\lim\limits_{x\to1-}f(x)=f(1)$에서

$\dfrac{1}{2}-2+C_3=-\dfrac{1}{2}$  $\therefore C_3=1$

따라서 $f(x)=\begin{cases} x+\dfrac{1}{2} & (x<-1) \\ -\dfrac{1}{2}x^2 & (-1\le x\le 1) \\ \dfrac{1}{2}x^2-2x+1 & (x>1) \end{cases}$ 이므로

$f(-3)+f(3)=\left(-3+\dfrac{1}{2}\right)+\left(\dfrac{9}{2}-6+1\right)=-3$


**135** 답 ④

$\displaystyle\int_0^1 f'(x)\,dx=\Big[f(x)\Big]_0^1=f(1)-f(0)=0$에서 $f(0)=f(1)$

$\displaystyle\int_0^2 f'(x)\,dx=\Big[f(x)\Big]_0^2=f(2)-f(0)=0$에서 $f(0)=f(2)$

$f(0)=f(1)=f(2)=k$ ($k$는 상수)라 하면

$f(0)-k=0$, $f(1)-k=0$, $f(2)-k=0$

이므로 최고차항의 계수가 1인 삼차함수 $f(x)$에 대하여

$f(x)-k=x(x-1)(x-2)$

라 할 수 있다.

따라서 $f(x)=x(x-1)(x-2)+k=x^3-3x^2+2x+k$이므로

$f'(x)=3x^2-6x+2$

$\therefore f'(1)=3-6+2=-1$


**136** 답 12

$f(x)$가 최고차항의 계수가 1인 삼차함수이므로 $f'(x)$는 이차항의 계수가 3인 이차함수이고, $\displaystyle\int_0^1 f'(x)\,dx=\int_1^2 f'(x)\,dx$에 의하여 직선 $x=1$은 이차함수 $y=f'(x)$의 축이다.

즉, 함수 $y=f'(x)$의 그래프는 직선 $x=1$에 대하여 대칭이다.

또한, 함수 $f'(x)$의 최솟값이 5이므로

$f'(x)=3(x-1)^2+5$

$\displaystyle\int_0^2 f'(x)\,dx=\int_0^2 \{3(x-1)^2+5\}\,dx$

$=\displaystyle\int_0^2 (3x^2-6x+8)\,dx$

$=\Big[x^3-3x^2+8x\Big]_0^2$

$=8-12+16$

$=12$


**137** 답 ⑤

$\displaystyle\int_0^2 f(x)\,dx=\int_0^2 (3ax+2b)\,dx$

$=\Big[\dfrac{3a}{2}x^2+2bx\Big]_0^2$

$=6a+4b$

$\displaystyle\int_0^2 g(x)\,dx=\int_0^2 (6x^2-2bx+a)\,dx$

$=\Big[2x^3-bx^2+ax\Big]_0^2$

$=16-4b+2a$

$6a+4b=16-4b+2a$이므로

$8b=-4a+16$

$\therefore b=-\dfrac{1}{2}a+2$

이때 $a\ge 0$, $b\ge 0$이므로

$b=-\dfrac{1}{2}a+2\ge 0$에서 $a\le 4$

즉, $0\le a\le 4$이므로

$a+b=a+\left(-\dfrac{1}{2}a+2\right)$

$=\dfrac{1}{2}a+2$

에서 $a+b$의 최댓값은 $a=4$일 때 4이다.

따라서 $a+b$의 값이 최대일 때의 $a$, $b$의 값은

$a=4$, $b=0$

$\therefore k=6a+4b=24$


**138** 답 ③

$f(x)=x^3-3x+1$이라 하면

$f'(x)=3x^2-3=3(x+1)(x-1)$

$f'(x)=0$에서 $x=-1$ 또는 $x=1$

함수 $f(x)$의 증가와 감소를 표로 나타내면 다음과 같다.

| $x$ | $\cdots$ | $-1$ | $\cdots$ | $1$ | $\cdots$ |
|---|---|---|---|---|---|
| $f'(x)$ | $+$ | $0$ | $-$ | $0$ | $+$ |
| $f(x)$ | $\nearrow$ | $3$ | $\searrow$ | $-1$ | $\nearrow$ |

함수 $f(x)$는 $x=-1$에서 극댓값 $f(-1)=3$, $x=1$에서 극솟값 $f(1)=-1$을 갖는다.

이때 $f(-1)>0$, $f(1)<0$이므로 삼차방정식 $f(x)=0$은 서로 다른 세 실근을 갖고, $\alpha<-1$, $\beta>1$이다.

즉, 함수 $y=f(x)$의 그래프는 다음 그림과 같다.

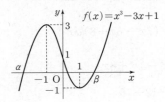

$$\therefore \int_\alpha^\beta |x^2-1|\,dx$$

$$=\int_\alpha^{-1}(x^2-1)\,dx+\int_{-1}^{1}(1-x^2)\,dx+\int_1^\beta(x^2-1)\,dx$$

$$=\left[\frac{1}{3}x^3-x\right]_\alpha^{-1}+\left[x-\frac{1}{3}x^3\right]_{-1}^1+\left[\frac{1}{3}x^3-x\right]_1^\beta$$

$$=\left(\frac{2}{3}-\frac{\alpha^3-3\alpha}{3}\right)+\frac{4}{3}+\left(\frac{\beta^3-3\beta}{3}+\frac{2}{3}\right)$$

$$=-\frac{\alpha^3-3\alpha}{3}+\frac{\beta^3-3\beta}{3}+\frac{8}{3}$$

이때 $\alpha$, $\beta$는 삼차방정식 $x^3-3x+1=0$의 근이므로
$\alpha^3-3\alpha=-1$, $\beta^3-3\beta=-1$

$$\therefore \int_\alpha^\beta |x^2-1|\,dx=-\frac{-1}{3}+\frac{-1}{3}+\frac{8}{3}=\frac{8}{3}$$

## 139 답 ②

$-1\le x\le 1$일 때
$-1\le t\le x$이면 $|t-x|=-t+x$,
$x<t\le 1$이면 $|t-x|=t-x$이므로

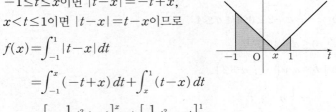

$$f(x)=\int_{-1}^1 |t-x|\,dt$$

$$=\int_{-1}^x (-t+x)\,dt+\int_x^1 (t-x)\,dt$$

$$=\left[-\frac{1}{2}t^2+xt\right]_{-1}^x+\left[\frac{1}{2}t^2-xt\right]_x^1$$

$$=\left\{\left(-\frac{1}{2}x^2+x^2\right)-\left(-\frac{1}{2}-x\right)\right\}+\left\{\left(\frac{1}{2}-x\right)-\left(\frac{1}{2}x^2-x^2\right)\right\}$$

$$=x^2+1$$

$$\therefore \int_0^1 f(x)\,dx=\int_0^1 (x^2+1)\,dx$$

$$=\left[\frac{1}{3}x^3+x\right]_0^1$$

$$=\frac{1}{3}+1=\frac{4}{3}$$

## 140 답 ③

삼차함수 $f(x)$가 $x=2$, $x=4$에서 극값을 가지므로
$f'(x)=a(x-2)(x-4)=a(x^2-6x+8)$ $(a>0)$이라 하면

$$f(x)=\int a(x^2-6x+8)\,dx$$

$$=a\left(\frac{1}{3}x^3-3x^2+8x\right)+C \ (단, C는 적분상수)$$

$f(2)=2$, $f(4)=-2$이므로

$$f(2)=a\left(\frac{8}{3}-12+16\right)+C=\frac{20}{3}a+C=2$$

$$f(4)=a\left(\frac{64}{3}-48+32\right)+C=\frac{16}{3}a+C=-2$$

위의 두 식을 연립하여 풀면
$a=3$, $C=-18$
즉, $f(x)=x^3-9x^2+24x-18$이므로
$f(1)=1-9+24-18=-2$
$f(5)=125-225+120-18=2$
또한, $f'(x)=3(x-2)(x-4)$이므로
$f'(x)=0$에서 $(x-2)(x-4)=0$
$\therefore x=2$ 또는 $x=4$
따라서 $2<x<4$에서 $f'(x)<0$, $x\le 2$ 또는 $x\ge 4$에서
$f'(x)\ge 0$이므로

$$\int_1^5 |f'(x)|\,dx$$

$$=\int_1^2 f'(x)\,dx+\int_2^4 \{-f'(x)\}\,dx+\int_4^5 f'(x)\,dx$$

$$=\left[f(x)\right]_1^2+\left[-f(x)\right]_2^4+\left[f(x)\right]_4^5$$

$$=\{f(2)-f(1)\}+\{-f(4)+f(2)\}+\{f(5)-f(4)\}$$

$$=\{2-(-2)\}+\{-(-2)+2\}+\{2-(-2)\}$$

$$=12$$

## 141 답 ②

함수 $y=-f(x+1)+1$의 그래프는 함수 $y=f(x)$의 그래프를
$x$축에 대하여 대칭이동한 후 $x$축의 방향으로 $-1$만큼, $y$축의 방
향으로 1만큼 평행이동한 것이다.

$$f(0)=0,\ f(1)=1,\ \int_0^1 f(x)\,dx=\frac{1}{6}$$

이므로 조건 (가)에서

$$\int_{-1}^0 g(x)\,dx=\int_{-1}^0 \{-f(x+1)+1\}\,dx$$

$$=\int_0^1 \{-f(x)+1\}\,dx$$

$$=-\int_0^1 f(x)\,dx+\left[x\right]_0^1$$

$$=-\frac{1}{6}+1=\frac{5}{6}$$

$$\int_0^1 g(x)\,dx=\int_0^1 f(x)\,dx=\frac{1}{6}$$

$$\therefore \int_{-1}^1 g(x)\,dx=\int_{-1}^0 g(x)\,dx+\int_0^1 g(x)\,dx$$

$$=\frac{5}{6}+\frac{1}{6}=1$$

조건 (나)에서 $g(x+2)=g(x)$이므로

$$\int_{-3}^2 g(x)\,dx=\int_{-3}^{-1} g(x)\,dx+\int_{-1}^1 g(x)\,dx+\int_1^2 g(x)\,dx$$

$$=2\int_{-1}^1 g(x)\,dx+\int_{-1}^0 g(x)\,dx$$

$$=2\times 1+\frac{5}{6}=\frac{17}{6}$$

## 142  답 64

$f(x)=x^3+ax^2+bx+c$ ($a$, $b$, $c$는 상수)라 하면
$f'(x)=3x^2+2ax+b$이고,
조건 (가)에서 $f'(-1)=f'(1)$이므로
$3-2a+b=3+2a+b$
$\therefore a=0$
또한, $f'(1)=1$이므로
$3+2a+b=1$
$\therefore b=-2$
즉, $f(x)=x^3-2x+c$이므로 조건 (나)에 의하여
$$\int_{-1}^{1}f(x)\,dx=\int_{-1}^{1}(x^3-2x+c)\,dx$$
$$=2\int_{0}^{1}c\,dx$$
$$=2\Big[cx\Big]_{0}^{1}$$
$$=2c$$
에서 $2c=2$   $\therefore c=1$
따라서 $f(x)=x^3-2x+1$이므로
$$30\int_{-2}^{2}xf(x)\,dx=30\int_{-2}^{2}(x^4-2x^2+x)\,dx$$
$$=30\times2\int_{0}^{2}(x^4-2x^2)\,dx$$
$$=60\Big[\frac{1}{5}x^5-\frac{2}{3}x^3\Big]_{0}^{2}$$
$$=60\times\Big(\frac{32}{5}-\frac{16}{3}\Big)$$
$$=60\times\frac{16}{15}=64$$

## 143  답 3

$$\int_{-1}^{1}f(x)\,dx=\int_{-1}^{1}(ax^2+bx)\,dx$$
$$=2\int_{0}^{1}ax^2\,dx$$
$$=2\Big[\frac{a}{3}x^3\Big]_{0}^{1}$$
$$=\frac{2}{3}a$$
$$\int_{-1}^{1}xf(x)\,dx=\int_{-1}^{1}(ax^3+bx^2)\,dx$$
$$=2\int_{0}^{1}bx^2\,dx$$
$$=2\Big[\frac{b}{3}x^3\Big]_{0}^{1}$$
$$=\frac{2}{3}b$$
$\frac{2}{3}a=\frac{2}{3}b$이므로 $a=b$
$\therefore f(x)=ax^2+ax$
$-1\le x\le1$인 실수 $x$에 대하여 $f(x)+1>0$이 성립하려면
$f(x)+1$의 최솟값이 0보다 커야 한다.

$$f(x)+1=ax^2+ax+1$$
$$=a\Big(x+\frac{1}{2}\Big)^2+1-\frac{a}{4}$$
이고, $a\ne0$이므로 $-1\le x\le1$에서
(i) $a>0$일 때
$$f\Big(-\frac{1}{2}\Big)+1=1-\frac{a}{4}>0$$
$$\therefore 0<a<4$$
(ii) $a<0$일 때
$$f(1)+1=2a+1>0$$
$$\therefore -\frac{1}{2}<a<0$$
(i), (ii)에서 구하는 정수 $a$의 개수는 1, 2, 3의 3이다.

## 144  답 20

조건 (가)에서 함수 $y=f(x)$의 그래프는 원점에 대하여 대칭이므로
$f(x)=ax^3+bx$ ($a$, $b$는 상수, $a\ne0$)라 하면
$f'(x)=3ax^2+b$
조건 (나)에서 $f'(2)=0$이므로
$f'(2)=12a+b=0$
즉, $b=-12a$이므로
$f(x)=ax^3-12ax$
이때 $f(2)=-16$이므로
$f(2)=8a-24a=-16a=-16$
$\therefore a=1$
$\therefore f(x)=x^3-12x$
$$\int_{-k}^{k}xf(x)\,dx=\int_{-k}^{k}(x^4-12x^2)\,dx$$
$$=2\int_{0}^{k}(x^4-12x^2)\,dx$$
$$=2\Big[\frac{1}{5}x^5-4x^3\Big]_{0}^{k}$$
$$=2\Big(\frac{1}{5}k^5-4k^3\Big)$$
$$=\frac{2}{5}k^3(k^2-20)$$
$$=0$$
따라서 $k\ne0$이므로
$k^2=20$

## 145  답 ②

$-1\le x\le1$일 때 함수 $f(x)=a(1-x^2)$의 그래프는 $y$축에 대하여 대칭이므로
$$\int_{-1}^{1}f(x)\,dx=2\int_{0}^{1}f(x)\,dx$$
모든 실수 $x$에 대하여 $f(x+2)=f(x)$이므로
$$\int_{-1}^{1}f(x)\,dx=\int_{1}^{3}f(x)\,dx=\int_{3}^{5}f(x)\,dx=\cdots=\int_{7}^{9}f(x)\,dx$$
$$\int_{9}^{10}f(x)\,dx=\int_{-1}^{0}f(x)\,dx=\int_{0}^{1}f(x)\,dx$$

이때
$$\int_0^1 f(x)\,dx = \int_0^1 a(1-x^2)\,dx$$
$$= a\left[x - \frac{1}{3}x^3\right]_0^1$$
$$= \frac{2}{3}a$$
이므로
$$\int_1^{10} f(x)\,dx = \int_1^3 f(x)\,dx + \int_3^5 f(x)\,dx + \int_5^7 f(x)\,dx$$
$$+ \int_7^9 f(x)\,dx + \int_9^{10} f(x)\,dx$$
$$= 4 \times 2\int_0^1 f(x)\,dx + \int_0^1 f(x)\,dx$$
$$= 9\int_0^1 f(x)\,dx$$
$$= 9 \times \frac{2}{3}a = 6a$$
따라서 $6a=36$이므로
$$a=6$$

## 146 답 64

함수 $f(x)$는 최고차항의 계수가 1인 사차함수이고 모든 실수 $x$에 대하여
$$\int_{-k}^k f'(x)\,dx = 0 \ (k는 \ 실수)이므로$$
$$f'(x) = 4x^3 + ax \ (단, \ a는 \ 상수)$$
$f(x) = \int f'(x)\,dx$에서
$$f(x) = x^4 + \frac{a}{2}x^2 + C \ (단, \ C는 \ 적분상수)$$
$f'(1) = 4 + a = 0$에서
$$a = -4$$
$f(1) = 1 - 2 + C = 0$에서
$$C = 1$$
즉, $f(x) = x^4 - 2x^2 + 1$이므로 함수
$y = g(x)$, 즉 $y = -f(x) + 1$의 그래
프는 오른쪽 그림과 같다.

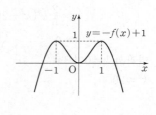

조건 (가)에서
$$\int_{-1}^1 g(x)\,dx = \int_{-1}^1 \{-f(x)+1\}\,dx$$
$$= 2\int_0^1 \{-f(x)+1\}\,dx$$
$$= 2\int_0^1 (-x^4 + 2x^2)\,dx$$
$$= 2\left[-\frac{1}{5}x^5 + \frac{2}{3}x^3\right]_0^1$$
$$= 2\left(-\frac{1}{5} + \frac{2}{3}\right)$$
$$= \frac{14}{15}$$
조건 (나)에서 $g(x+2) = g(x)$이므로

$$\int_{-3}^4 g(x)\,dx = \int_{-3}^{-1} g(x)\,dx + \int_{-1}^1 g(x)\,dx + \int_1^3 g(x)\,dx$$
$$+ \int_3^4 g(x)\,dx$$
$$= \int_{-1}^1 g(x)\,dx + \int_{-1}^1 g(x)\,dx + \int_{-1}^1 g(x)\,dx$$
$$+ \int_{-1}^0 g(x)\,dx$$
$$= 3\int_{-1}^1 g(x)\,dx + \int_0^1 g(x)\,dx$$
$$= 3 \times \frac{14}{15} + \frac{7}{15} = \frac{49}{15}$$
따라서 $p=15$, $q=49$이므로
$$p+q = 15 + 49 = 64$$

## 147 답 44

함수 $f(x)$는 $x=2$에서 연속이므로
$$\lim_{x \to 2+} f(x) = \lim_{x \to 2-} f(x) = f(2)$$
$$-8 + 2b - 7 = 4 + a$$
$$\therefore \ a - 2b = -19 \quad \cdots\cdots \ \bigcirc$$
함수 $f(x)$는 $x=4$에서 연속이고 $f(x+4)=f(x)$이므로
$$\lim_{x \to 4+} f(x) = \lim_{x \to 0+} f(x)$$
$$= \lim_{x \to 0+} (2x+a) = a$$
$$\lim_{x \to 4-} f(x) = \lim_{x \to 4-} (-2x^2 + bx - 7)$$
$$= 4b - 39$$
$$4b - 39 = a$$
$$\therefore \ a - 4b = -39 \quad \cdots\cdots \ \bigcirc$$
$\bigcirc$, $\bigcirc$을 연립하여 풀면
$$a=1, \ b=10$$
$$\therefore \ f(x) = \begin{cases} 2x+1 & (0 \le x < 2) \\ -2x^2 + 10x - 7 & (2 \le x < 4) \end{cases}$$
$$\therefore \ \int_{-6}^6 f(x)\,dx$$
$$= \int_{-6}^{-4} f(x)\,dx + \int_{-4}^0 f(x)\,dx + \int_0^4 f(x)\,dx + \int_4^6 f(x)\,dx$$
$$= \int_2^4 f(x)\,dx + 2\int_0^4 f(x)\,dx + \int_0^2 f(x)\,dx$$
$$= 3\int_0^4 f(x)\,dx$$
$$= 3\left\{\int_0^2 (2x+1)\,dx + \int_2^4 (-2x^2 + 10x - 7)\,dx\right\}$$
$$= 3\left\{\left[x^2 + x\right]_0^2 + \left[-\frac{2}{3}x^3 + 5x^2 - 7x\right]_2^4\right\}$$
$$= 3\left\{6 + \left(\frac{28}{3} - \frac{2}{3}\right)\right\} = 44$$

## 148 답 ④

$$xf(x) = 2x^3 + ax^2 + 3a + \int_1^x f(t)\,dt \quad \cdots\cdots \ \bigcirc$$
$\bigcirc$의 양변에 $x=1$을 대입하면

$f(1)=2+a+3a+0$

$\therefore f(1)=4a+2$       ...... ㉡

㉠의 양변에 $x=0$을 대입하면

$0=3a+\displaystyle\int_{1}^{0}f(t)\,dt$

즉, $0=3a-\displaystyle\int_{0}^{1}f(t)\,dt$이므로

$\displaystyle\int_{0}^{1}f(t)\,dt=3a$       ...... ㉢

$f(1)=\displaystyle\int_{0}^{1}f(t)\,dt$이므로 ㉡, ㉢에서

$4a+2=3a$    $\therefore a=-2$

즉, $f(1)=-8+2=-6$

㉠의 양변을 $x$에 대하여 미분하면

$f(x)+xf'(x)=6x^2+2ax+f(x)$

$f'(x)=6x+2a=6x-4$

$\therefore f(x)=\displaystyle\int(6x-4)\,dx=3x^2-4x+C$ (단, $C$는 적분상수)

이때 $f(1)=3-4+C=-6$에서 $C=-5$

따라서 $f(3)=27-12-5=10$이므로

$a+f(3)=-2+10=8$

## 149 답 ①

$a=2\displaystyle\int_{0}^{1}f(t)f'(t)\,dt$ ($a$는 상수)라 하면

$f(x)=x^2-2x+a,\ f'(x)=2x-2$

이므로

$a=2\displaystyle\int_{0}^{1}(t^2-2t+a)(2t-2)\,dt$

$\quad=2\displaystyle\int_{0}^{1}\{2t^3-6t^2+2(a+2)t-2a\}\,dt$

$\quad=2\left[\dfrac{1}{2}t^4-2t^3+(a+2)t^2-2at\right]_{0}^{1}$

$\quad=2\left\{\dfrac{1}{2}-2+(a+2)-2a\right\}$

$\quad=2\left(-a+\dfrac{1}{2}\right)$

에서 $3a=1$    $\therefore a=\dfrac{1}{3}$

따라서 $f(x)=x^2-2x+\dfrac{1}{3}$이므로

$f(2)=4-4+\dfrac{1}{3}=\dfrac{1}{3}$

## 150 답 6

$g(x)=\displaystyle\int_{1}^{x}f(t)\,dt$       ...... ㉠

㉠의 양변에 $x=1$을 대입하면 $g(1)=0$

또한, $\displaystyle\lim_{x\to-1}\dfrac{g(x)}{x^2-1}=-\dfrac{2}{3}$에서 $x\to-1$일 때, 극한값이 존재하고

(분모) $\to 0$이므로 (분자) $\to 0$이어야 한다.

즉, $\displaystyle\lim_{x\to-1}g(x)=0$이고 $g(x)$는 다항함수이므로

$g(-1)=0$

함수 $f(x)$는 최고차항의 계수가 1인 이차함수이므로 ㉠에서 함수 $g(x)$는 최고차항의 계수가 $\dfrac{1}{3}$인 삼차함수이다.

$g(x)=\dfrac{1}{3}(x-1)(x+1)(x+k)$ ($k$는 상수)       ...... ㉡

라 하면

$\displaystyle\lim_{x\to-1}\dfrac{g(x)}{x^2-1}=-\dfrac{2}{3}$에서

$\dfrac{1}{3}\displaystyle\lim_{x\to-1}\dfrac{(x-1)(x+1)(x+k)}{(x-1)(x+1)}=-\dfrac{2}{3}$

$\dfrac{1}{3}\displaystyle\lim_{x\to-1}(x+k)=-\dfrac{2}{3}$

$\dfrac{k-1}{3}=-\dfrac{2}{3}$    $\therefore k=-1$

㉡에서 $g(x)=\dfrac{1}{3}(x-1)^2(x+1)=\dfrac{1}{3}(x^3-x^2-x+1)$

㉠의 양변을 $x$에 대하여 미분하면 $g'(x)=f(x)$이므로

$f(x)=g'(x)$

$\qquad=\dfrac{1}{3}(3x^2-2x-1)$

$\qquad=x^2-\dfrac{2}{3}x-\dfrac{1}{3}$

따라서

$g(2)=\dfrac{1}{3}\times1\times3=1$,

$g'(-2)=f(-2)=4+\dfrac{4}{3}-\dfrac{1}{3}=5$

이므로

$g(2)+g'(-2)=1+5=6$

## 151 답 ③

$G(x)=\displaystyle\int_{1}^{x}(x^2-t^2)f(t)\,dt$       ...... ㉠

라 하면 함수 $G(x)$는 실수 전체의 집합에서 미분가능하므로

$\displaystyle\lim_{x\to2}\dfrac{1}{x^2-4}\int_{1}^{x}(x^2-t^2)f(t)\,dt=\lim_{x\to2}\dfrac{G(x)}{x^2-4}=\dfrac{3}{4}$

$\displaystyle\lim_{x\to2}\dfrac{G(x)}{x^2-4}=3$에서 $x\to2$일 때, 극한값이 존재하고 (분모) $\to 0$이므로 (분자) $\to 0$이어야 한다.

즉, $\displaystyle\lim_{x\to2}G(x)=G(2)=0$이므로

$\displaystyle\lim_{x\to2}\dfrac{G(x)-G(2)}{x-2}=G'(2)=3$       ...... ㉡

한편, ㉠에서

$G(x)=x^2\displaystyle\int_{1}^{x}f(t)\,dt-\int_{1}^{x}t^2f(t)\,dt$이므로 양변을 $x$에 대하여 미분하면

$G'(x)=2x\displaystyle\int_{1}^{x}f(t)\,dt+x^2f(x)-x^2f(x)$

$\qquad=2x\displaystyle\int_{1}^{x}f(t)\,dt$

위의 식의 양변에 $x=2$를 대입하면

$$G'(2)=4\int_1^2 f(t)\,dt=3\ (\because \text{ⓛ})$$

또한, $G(2)=0$에서 $4\int_1^2 f(t)\,dt-\int_1^2 t^2 f(t)\,dt=0$

$$\therefore \int_1^2 t^2 f(t)\,dt=4\int_1^2 f(t)\,dt=3$$

$$\therefore \int_1^2 (5x^2-4)f(x)\,dx=5\int_1^2 x^2 f(x)\,dx-4\int_1^2 f(x)\,dx$$
$$=5\times 3-3=12$$

## 152  답 24

$g(x)=\int_0^x f(t)\,dt$이므로 $g(1)=\int_0^1 f(t)\,dt$

조건 (나)에서 $g(x)=x^3+ax^2-2x\int_0^1 f(t)\,dt$이므로 이 식의 양변에

$x=1$을 대입하면

$$g(1)=1+a-2g(1)$$

$$3g(1)=a+1 \qquad \therefore g(1)=\frac{a+1}{3}$$

$$\therefore g(x)=x^3+ax^2-\frac{2}{3}(a+1)x \qquad \cdots\cdots \text{㉠}$$

이때, $g(x)=\int_0^x f(t)\,dt$의 양변을 $x$에 대하여 미분하면

$g'(x)=f(x)$이므로 ㉠의 양변을 $x$에 대하여 미분하면

$$f(x)=3x^2+2ax-\frac{2}{3}(a+1)$$

위의 식의 양변에 $x=0$을 대입하면

$$-\frac{2}{3}(a+1)=-2\ (\because \text{조건 (가)}) \qquad \therefore a=2$$

즉, $a=2$를 ㉠에 대입하면

$$g(x)=x^3+2x^2-2x$$

이때 함수 $g(x)$의 한 부정적분을 $G(x)$라 하면

$$\lim_{x\to 0}\frac{1}{x}\int_{2-x}^{2+x}g(t)\,dt=\lim_{x\to 0}\frac{1}{x}\Big[G(t)\Big]_{2-x}^{2+x}$$

$$=\lim_{x\to 0}\frac{G(2+x)-G(2-x)}{x}$$

$$=\lim_{x\to 0}\frac{G(2+x)-G(2-x)-G(2)+G(2)}{x}$$

$$=\lim_{x\to 0}\frac{G(2+x)-G(2)}{x}+\lim_{x\to 0}\frac{G(2-x)-G(2)}{-x}$$

$$=2G'(2)=2g(2)$$

$$=2\times(8+8-4)=24$$

## 153  답 12

최고차항의 계수가 양수인 삼차함수 $f(x)$가 $x=1$, $x=2$에서 극
값을 가지므로 $f'(1)=f'(2)=0$이다. 즉,

$$f'(x)=a(x-1)(x-2)\ (\text{단, } a>0) \qquad \cdots\cdots \text{㉠}$$

한편,

$$g(x)=(1-x)f(x)+\int_1^x f(t)\,dt \qquad \cdots\cdots \text{ⓛ}$$

에서 ⓛ의 양변을 $x$에 대하여 미분하면

$$g'(x)=-f(x)+(1-x)f'(x)+f(x)$$
$$=(1-x)f'(x) \qquad \cdots\cdots \text{ⓒ}$$

㉠, ⓒ에서

$g'(x)=-a(x-1)^2(x-2)$이므로

$$g(x)=\int g'(x)\,dx=-a\int (x-1)^2(x-2)\,dx$$

$$=-a\int (x^3-4x^2+5x-2)\,dx$$

$$=-a\Big(\frac{1}{4}x^4-\frac{4}{3}x^3+\frac{5}{2}x^2-2x\Big)+C\ (\text{단, } C\text{는 적분상수})$$

ⓛ의 양변에 $x=1$을 대입하면 $g(1)=0$이므로

$$-a\Big(\frac{1}{4}-\frac{4}{3}+\frac{5}{2}-2\Big)+C=0$$

$$\frac{7}{12}a+C=0 \qquad \therefore C=-\frac{7}{12}a$$

함수 $g(x)$의 증가와 감소를 표로 나타내면 다음과 같다.

| $x$ | $\cdots$ | 1 | $\cdots$ | 2 | $\cdots$ |
|---|---|---|---|---|---|
| $g'(a)$ | | $+$ | 0 | $+$ | 0 | $-$ |
| $g(a)$ | | $\nearrow$ | | $\nearrow$ | 극대 | $\searrow$ |

$g(x)$는 $x=2$일 때 극댓값 $\frac{1}{2}$을 가지므로

$$g(2)=-a\Big(4-\frac{32}{3}+10-4\Big)-\frac{7}{12}a=\frac{a}{12}$$

에서 $\frac{a}{12}=\frac{1}{2} \qquad \therefore a=6$

따라서 $a=6$을 ㉠에 대입하면 $f'(x)=6(x-1)(x-2)$이므로

$$f'(3)=6\times 2\times 1=12$$

## 154  답 ④

$\int_1^x (3t^2-x^2)f(t)\,dt=3x^6+ax^5+bx^4$의 양변에 $x=1$을 대입하면

$$0=3+a+b \qquad \therefore a+b=-3 \qquad \cdots\cdots \text{㉠}$$

$\int_1^x (3t^2-x^2)f(t)\,dt=3\int_1^x t^2 f(t)\,dt-x^2\int_1^x f(t)\,dt$이므로

$$3\int_1^x t^2 f(t)\,dt-x^2\int_1^x f(t)\,dt=3x^6+ax^5+bx^4$$

위의 식의 양변을 $x$에 대하여 미분하면

$$3x^2 f(x)-2x\int_1^x f(t)\,dt-x^2 f(x)=18x^5+5ax^4+4bx^3$$

$$\therefore 2x^2 f(x)-2x\int_1^x f(t)\,dt=2x\Big(9x^4+\frac{5}{2}ax^3+2bx^2\Big)$$

$f(x)$는 다항함수이므로 양변을 $2x$로 나누면

$$xf(x)-\int_1^x f(t)\,dt=9x^4+\frac{5}{2}ax^3+2bx^2$$

위의 식의 양변을 $x$에 대하여 미분하면

$$f(x)+xf'(x)-f(x)=36x^3+\frac{15}{2}ax^2+4bx$$

$$xf'(x)=x\Big(36x^2+\frac{15}{2}ax+4b\Big)$$

$$\therefore f'(x)=36x^2+\frac{15}{2}ax+4b$$

$$\therefore f(x)=\int\left(36x^2+\frac{15}{2}ax+4b\right)dx$$

$$=12x^3+\frac{15}{4}ax^2+4bx+C \text{ (단, } C\text{는 적분상수)}$$

$f(0)=-10$이므로 $C=-10$

$f(-1)=21$이므로

$$f(-1)=-12+\frac{15}{4}a-4b-10=21$$

$$\therefore 15a-16b=172 \quad\quad\cdots\cdots ⓒ$$

㉠, ㉡을 연립하여 풀면

$a=4$, $b=-7$

따라서 $f(x)=12x^3+15x^2-28x-10$이므로

$f(2)=96+60-56-10=90$

## 155 답 ①

$\int_x^{x+1} f(t)\,dt=x+\frac{1}{3}$의 양변을 $x$에 대하여 미분하면

$f(x+1)-f(x)=1$

$0\le x\le 1$에서 $f(x)=x^2$이므로

$f(x+1)=f(x)+1=x^2+1$

$x+1=t$라 하면 $1\le t\le 2$에서 $f(t)=(t-1)^2+1$

따라서 $1\le x\le 2$에서 $f(x)=(x-1)^2+1$

$$\therefore f(x)=\begin{cases} x^2 & (0\le x\le 1) \\ (x-1)^2+1 & (1\le x\le 2) \end{cases}$$

ㄱ. $1\le x\le 2$에서 $f(x)=(x-1)^2+1$이므로

$f(2)=2$ (참)

ㄴ. $\displaystyle\lim_{x\to 1+}\frac{f(x)-f(1)}{x-1}=\lim_{x\to 1+}\frac{\{(x-1)^2+1\}-1}{x-1}$

$\displaystyle\quad=\lim_{x\to 1+}(x-1)=1-1=0$

$\displaystyle\lim_{x\to 1-}\frac{f(x)-f(1)}{x-1}=\lim_{x\to 1-}\frac{x^2-1}{x-1}$

$\displaystyle\quad=\lim_{x\to 1-}\frac{(x+1)(x-1)}{x-1}$

$\displaystyle\quad=\lim_{x\to 1-}(x+1)=1+1=2$

따라서 $\displaystyle\lim_{x\to 1+}\frac{f(x)-f(1)}{x-1}\ne\lim_{x\to 1-}\frac{f(x)-f(1)}{x-1}$이므로

$f'(1)$의 값은 존재하지 않는다. (거짓)

ㄷ. $1<x<2$에서 $f(x)=(x-1)^2+1$이므로

$f'(x)=2(x-1)$

$1<c<2$에서 $f'(c)=1$이 되는 $c$의 값을 찾아보면

$2(c-1)=1 \quad \therefore c=\frac{3}{2}$

즉, $f'\left(\frac{3}{2}\right)=1$이고, $0\le x\le 2$에서 함수

$y=f(x)$의 그래프가 오른쪽 그림과 같

으므로 $1<c<\frac{3}{2}$일 때 $f'(c)<1$이고,

$\frac{3}{2}<c<2$일 때 $f'(c)>1$이다.

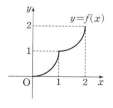

따라서 $1<c<2$일 때, $f'(c)\le 1$이라 할 수 없다. (거짓)

따라서 옳은 것은 ㄱ이다.

## 156 답 ⑤

$$\int_0^1 (x-t)^2 f(t)\,dt$$

$$=\int_0^1 (x^2-2xt+t^2)f(t)\,dt$$

$$=x^2\int_0^1 f(t)\,dt-2x\int_0^1 tf(t)\,dt+\int_0^1 t^2 f(t)\,dt$$

이때

$$\int_0^1 f(t)\,dt=a,\ \int_0^1 tf(t)\,dt=b,\ \int_0^1 t^2 f(t)\,dt=c\ (a,\,b,\,c\text{는 상수})$$

라 하면

$$\int_0^x f(t)\,dt+\int_0^1 (x-t)^2 f(t)\,dt=2x^2-4x+k\text{에서}$$

$$\int_0^x f(t)\,dt+ax^2-2bx+c=2x^2-4x+k$$

위의 식의 양변을 $x$에 대하여 미분하면

$f(x)+2ax-2b=4x-4$

$\therefore f(x)=(4-2a)x+2b-4$

$f(2)=8$이므로

$f(2)=8-4a+2b-4=8$

즉, $b=2a+2$이므로

$f(x)=(4-2a)x+4a$

$a=\int_0^1 f(t)\,dt$

$\quad=\int_0^1 \{(4-2a)t+4a\}\,dt$

$\quad=\Big[(2-a)t^2+4at\Big]_0^1$

$\quad=2-a+4a=2+3a$

$\therefore a=-1$, $b=0$

따라서 $f(x)=6x-4$이므로

$f(3)=18-4=14$

## 157 답 ⑤

조건 (나)에서

$$\int_0^1 \{xf(t)-2\}^2\,dt=\int_0^1 [x^2\{f(t)\}^2-4xf(t)+4]\,dt$$

$$=x^2\int_0^1\{f(t)\}^2\,dt-4x\int_0^1 f(t)\,dt+4\Big[x\Big]_0^1$$

$$=x^2\int_0^1\{f(t)\}^2\,dt-4x\int_0^1 f(t)\,dt+4$$

$$=0$$

위의 이차방정식의 실근이 1개이므로 중근을 가져야 한다.

$x$에 대한 이차방정식 $x^2\int_0^1\{f(t)\}^2\,dt-4x\int_0^1 f(t)\,dt+4=0$의 판

별식을 $D$라 하면

$$\frac{D}{4}=\left\{-2\int_0^1 f(t)\,dt\right\}^2-4\int_0^1\{f(t)\}^2\,dt=0$$

$$\therefore \left\{\int_0^1 f(t)\,dt\right\}^2=\int_0^1\{f(t)\}^2\,dt$$

조건 (가)에서
$$\int_0^1 f(t)\,dt = \Big[\,g(t)\,\Big]_0^1 = g(1) - g(0) = 5 - (-1) = 6$$
이므로
$$\int_0^1 \{f(x)\}^2\,dx = \left\{\int_0^1 f(x)\,dx\right\}^2 = 36$$

## 158  답 ⑤

$h(x) = g(x) - f(x)$라 하면 $g(x)$는 일차함수이고 $f(x)$는 최고차항의 계수가 2인 이차함수이므로 $h(x)$는 최고차항의 계수가 $-2$인 이차함수이다.

또한, 두 함수 $y = f(x)$, $y = g(x)$의 그래프는 $x$좌표가 $-1$, 2인 두 점에서 만나므로

$f(-1) = g(-1)$, $f(2) = g(2)$에서

$h(-1) = g(-1) - f(-1) = 0$, $h(2) = g(2) - f(2) = 0$

$\therefore h(x) = -2(x+1)(x-2)$

ㄱ. $F(2) = \displaystyle\int_{-1}^{2} \{g(t) - f(t)\}\,dt = \int_{-1}^{2} h(t)\,dt$

$\qquad = \displaystyle\int_{-1}^{2} \{-2(t+1)(t-2)\}\,dt$

$\qquad = -2 \displaystyle\int_{-1}^{2} (t^2 - t - 2)\,dt$

$\qquad = -2 \left[ \dfrac{1}{3}t^3 - \dfrac{1}{2}t^2 - 2t \right]_{-1}^{2}$

$\qquad = -2 \times \left\{ \left( \dfrac{8}{3} - 2 - 4 \right) - \left( -\dfrac{1}{3} - \dfrac{1}{2} + 2 \right) \right\}$

$\qquad = -2 \times \left( -\dfrac{9}{2} \right) = 9$ (참)

ㄴ. $F(x) = \displaystyle\int_{-1}^{x} h(t)\,dt$에서

$\quad F'(x) = h(x) = -2(x+1)(x-2)$

$\quad F'(x) = 0$에서 $x = -1$ 또는 $x = 2$

함수 $F(x)$의 증가와 감소를 표로 나타내면 다음과 같다.

| $x$ | $\cdots$ | $-1$ | $\cdots$ | $2$ | $\cdots$ |
|---|---|---|---|---|---|
| $F'(x)$ | $-$ | $0$ | $+$ | $0$ | $-$ |
| $F(x)$ | $\searrow$ | 극소 | $\nearrow$ | 극대 | $\searrow$ |

따라서 함수 $F(x)$는 $x = 2$에서 극댓값을 갖는다. (참)

ㄷ. $h(x) = -2(x+1)(x-2) = -2(x^2 - x - 2)$

$\qquad = -2\left(x - \dfrac{1}{2}\right)^2 + \dfrac{9}{2}$

이므로 함수 $y = h(x)$의 그래프는 직선 $x = \dfrac{1}{2}$에 대하여 대칭이다.

즉, 모든 실수 $x$에 대하여

$$\int_{\frac{1}{2}-x}^{\frac{1}{2}} h(t)\,dt = \int_{\frac{1}{2}}^{\frac{1}{2}+x} h(t)\,dt \quad \cdots\cdots\ \bigcirc$$

가 성립하므로

$F\left(\dfrac{1}{2}\right) = \displaystyle\int_{-1}^{\frac{1}{2}} h(t)\,dt = \int_{\frac{1}{2}}^{2} h(t)\,dt = \dfrac{1}{2}\int_{-1}^{2} h(t)\,dt$

$\qquad = \dfrac{1}{2} F(2) = \dfrac{9}{2}$ ($\because$ ㄱ)

$\therefore F\left(\dfrac{1}{2} - x\right) = \displaystyle\int_{-1}^{\frac{1}{2}-x} h(t)\,dt$

$\qquad = \displaystyle\int_{-1}^{\frac{1}{2}} h(t)\,dt + \int_{\frac{1}{2}}^{\frac{1}{2}-x} h(t)\,dt$

$\qquad = \dfrac{9}{2} - \displaystyle\int_{\frac{1}{2}-x}^{\frac{1}{2}} h(t)\,dt$

$F\left(\dfrac{1}{2} + x\right) = \displaystyle\int_{-1}^{\frac{1}{2}+x} h(t)\,dt$

$\qquad = \displaystyle\int_{-1}^{\frac{1}{2}} h(t)\,dt + \int_{\frac{1}{2}}^{\frac{1}{2}+x} h(t)\,dt$

$\qquad = \dfrac{9}{2} + \displaystyle\int_{\frac{1}{2}}^{\frac{1}{2}+x} h(t)\,dt$

$\therefore F\left(\dfrac{1}{2} - x\right) + F\left(\dfrac{1}{2} + x\right)$

$\qquad = \dfrac{9}{2} \times 2 - \displaystyle\int_{\frac{1}{2}-x}^{\frac{1}{2}} h(t)\,dt + \int_{\frac{1}{2}}^{\frac{1}{2}+x} h(t)\,dt$

$\qquad = 9$ ($\because$ $\bigcirc$) (참)

따라서 옳은 것은 ㄱ, ㄴ, ㄷ이다.

**다른 풀이**

ㄷ. $F\left(\dfrac{1}{2} - x\right) = \displaystyle\int_{-1}^{\frac{1}{2}-x} h(t)\,dt = A$,

$\quad F\left(\dfrac{1}{2} + x\right) = \displaystyle\int_{-1}^{\frac{1}{2}+x} h(t)\,dt = B$

라 하면 오른쪽 그림에서 $A = C$이므로

$F\left(\dfrac{1}{2} - x\right) + F\left(\dfrac{1}{2} + x\right)$

$\quad = \displaystyle\int_{-1}^{\frac{1}{2}-x} h(t)\,dt + \int_{-1}^{\frac{1}{2}+x} h(t)\,dt$

$\quad = C + B = \displaystyle\int_{-1}^{2} h(t)\,dt = 9$ ($\because$ ㄱ)

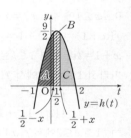

## 159  답 ②

$f(x) = kx(x-2)(x-3)$이므로

$f(x) = 0$에서 $x = 0$ 또는 $x = 2$ 또는 $x = 3$

$\therefore \mathrm{P}(2,\ 0)$, $\mathrm{Q}(3,\ 0)$

$A = \displaystyle\int_0^2 f(x)\,dx$, $B = \displaystyle\int_2^3 \{-f(x)\}\,dx$이므로

($A$의 넓이) $-$ ($B$의 넓이) $= \displaystyle\int_0^2 f(x)\,dx - \int_2^3 \{-f(x)\}\,dx$

$\qquad = \displaystyle\int_0^2 f(x)\,dx + \int_2^3 f(x)\,dx$

$\qquad = \displaystyle\int_0^3 f(x)\,dx$

$\qquad = \displaystyle\int_0^3 kx(x-2)(x-3)\,dx$

$\qquad = k \displaystyle\int_0^3 (x^3 - 5x^2 + 6x)\,dx$

$\qquad = k \left[ \dfrac{1}{4}x^4 - \dfrac{5}{3}x^3 + 3x^2 \right]_0^3$

$\qquad = \dfrac{9}{4}k$

에서 $\dfrac{9}{4}k = 3$ $\quad \therefore k = \dfrac{4}{3}$

## 160 답 ④

이차함수 $y=f(x)$의 그래프를 $x$축의 방향으로 $-x_2$만큼 평행이동한 그래프의 함수를 $g(x)$라 하자.

점 $(x_2, 8)$은 점 $(0, 8)$로 평행이동되고, 세 수 $x_1$, $x_2$, $x_3$이 공차가 1인 등차수열을 이루므로 두 점 $(x_1, 3)$, $(x_3, 7)$은 각각 두 점 $(-1, 3)$, $(1, 7)$로 평행이동된다.

이때 $g(x)=ax^2+bx+c$ ($a$, $b$, $c$는 상수, $a \neq 0$)이라 하면

$g(-1)=a-b+c=3$ ...... ㉠

$g(0)=c=8$ ...... ㉡

$g(1)=a+b+c=7$ ...... ㉢

㉠, ㉡, ㉢을 연립하여 풀면

$a=-3$, $b=2$, $c=8$

따라서 $g(x)=-3x^2+2x+8$이고, 구하는 넓이는 곡선 $y=g(x)$와 $x$축 및 두 직선 $x=-1$, $x=1$로 둘러싸인 부분의 넓이와 같으므로

$$\int_{x_1}^{x_3} f(x)\,dx = \int_{-1}^{1} g(x)\,dx$$
$$= \int_{-1}^{1} (-3x^2+2x+8)\,dx$$
$$= 2\int_{0}^{1} (-3x^2+8)\,dx$$
$$= 2\left[-x^3+8x\right]_0^1$$
$$= 2 \times (-1+8)$$
$$= 14$$

## 161 답 ③

ㄱ. 함수 $y=x^2$의 그래프와 $y$축 및 직선 $y=1$로 둘러싸인 부분의 넓이는

$$S_2 = \int_0^1 (1-x^2)\,dx = \left[x-\frac{1}{3}x^3\right]_0^1 = 1-\frac{1}{3} = \frac{2}{3} \text{ (참)}$$

ㄴ. $S_n = \int_0^1 (1-x^n)\,dx = \left[x-\frac{1}{n+1}x^{n+1}\right]_0^1$

$$= 1-\frac{1}{n+1} = \frac{n}{n+1}$$

이므로 $S_{n+1} = \frac{n+1}{n+2}$

$$S_{n+1}-S_n = \frac{n+1}{n+2} - \frac{n}{n+1}$$
$$= \frac{(n+1)^2 - n(n+2)}{(n+1)(n+2)}$$
$$= \frac{1}{(n+1)(n+2)} > 0$$

$\therefore S_n < S_{n+1}$ (거짓)

ㄷ. 두 함수 $y=f(x)$와 $y=g(x)$의 그래프는 직선 $y=x$에 대하여 서로 대칭이므로 $\int_0^1 g(x)\,dx$의 값은 오른쪽 그림의 색칠한 부분의 넓이와 같다.

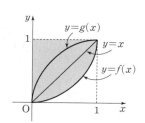

$\int_0^1 f(x)\,dx$의 값은 곡선 $y=f(x)$와 $x$축 및 직선 $x=1$로 둘러싸인 부분의 넓이이므로 $\int_0^1 f(x)\,dx$와 $\int_0^1 g(x)\,dx$의 값의 합은 한 변의 길이가 1인 정사각형의 넓이와 같다.

$$\therefore \int_0^1 f(x)\,dx + \int_0^1 g(x)\,dx = 1 \text{ (참)}$$

따라서 옳은 것은 ㄱ, ㄷ이다.

## 162 답 ③

$-f(x-1)-1 = -\{(x-1)^2 - 2(x-1)\} - 1$
$= -x^2 + 4x - 4$

이므로 두 곡선 $y=f(x)$, $y=-f(x-1)-1$의 교점의 $x$좌표는

$x^2-2x = -x^2+4x-4$에서

$x^2-3x+2=0$, $(x-1)(x-2)=0$

$\therefore x=1$ 또는 $x=2$

따라서 두 곡선 $y=f(x)$, $y=-f(x-1)-1$로 둘러싸인 부분의 넓이는

$$\int_1^2 \{(-x^2+4x-4)-(x^2-2x)\}\,dx$$
$$= \int_1^2 (-2x^2+6x-4)\,dx$$
$$= \left[-\frac{2}{3}x^3+3x^2-4x\right]_1^2$$
$$= \left(-\frac{16}{3}+12-8\right) - \left(-\frac{2}{3}+3-4\right)$$
$$= \frac{1}{3}$$

## 163 답 ②

두 함수 $y=f(x)$, $y=g(x)$의 그래프는 각각 $y$축에 대하여 대칭이다.

$x \geq 0$에서 두 함수의 그래프의 교점의 $x$좌표는

$-\frac{3}{4}x^2+3 = x^2-3x+2$에서

$\frac{7}{4}x^2-3x-1=0$, $7x^2-12x-4=0$

$(7x+2)(x-2)=0$ $\therefore x=2$ ($\because x \geq 0$)

한편, 두 함수 $y=f(x)$, $y=g(x)$의 그래프로 둘러싸인 부분의 넓이는 두 함수 $y=-\frac{3}{4}x^2+3$, $y=x^2-3x+2$와 $y$축으로 둘러싸인 부분의 넓이의 2배이므로 구하는 넓이는

$$2\int_0^2 \left\{-\frac{3}{4}x^2+3-(x^2-3x+2)\right\}dx$$
$$= 2\int_0^2 \left(-\frac{7}{4}x^2+3x+1\right)dx$$
$$= 2\left[-\frac{7}{12}x^3+\frac{3}{2}x^2+x\right]_0^2$$
$$= 2 \times \left(-\frac{14}{3}+6+2\right) = \frac{20}{3}$$

## 164  답 ②

두 점 P, Q의 $x$좌표를 각각 $\alpha$, $\beta$ $(\alpha < \beta)$라 하면
$P(\alpha,\ \alpha+k)$, $Q(\beta,\ \beta+k)$
$\overline{PQ}=3\sqrt{2}$이므로
$$\overline{PQ}^2=(\beta-\alpha)^2+\{(\beta+k)-(\alpha+k)\}^2$$
$$=2(\beta-\alpha)^2$$
$$=(3\sqrt{2})^2$$
$\therefore\ \beta-\alpha=3\ (\because\ \beta>\alpha)\quad \cdots\cdots\ \bigcirc$
$x^2=x+k$에서 이차방정식 $x^2-x-k=0$의 두 근이 $\alpha$, $\beta$이므로
이차방정식의 근과 계수의 관계에 의하여
$\alpha+\beta=1\qquad\cdots\cdots\ \bigcirc$
$\alpha\beta=-k\qquad\cdots\cdots\ \bigcirc$
$\bigcirc$, $\bigcirc$을 연립하여 풀면
$\alpha=-1$, $\beta=2$
$\therefore\ k=-\alpha\beta=2\ (\because\ \bigcirc)$
따라서 구하는 넓이는
$$\int_{-1}^{2}(x+2-x^2)\,dx=\left[\frac{1}{2}x^2+2x-\frac{1}{3}x^3\right]_{-1}^{2}$$
$$=\left(2+4-\frac{8}{3}\right)-\left(\frac{1}{2}-2+\frac{1}{3}\right)=\frac{9}{2}$$

## 165  답 ③

곡선 $y=4x^3-6x^2+x$와 직선 $y=x+k$가 만나는 서로 다른 점의
개수가 2이려면 기울기가 1인 직선 $y=x+k$가 곡선
$y=4x^3-6x^2+x$ 위의 한 점에서 접선이어야 한다.
곡선 $y=f(x)$와 직선 $y=g(x)$가 접하는 접점의 $x$좌표를 구하면
$y'=12x^2-12x+1=1$에서
$12x(x-1)=0\qquad \therefore\ x=0$ 또는 $x=1$
즉, 곡선 $y=4x^3-6x^2+x$와 직선 $y=x+k$가 접할 때, 접점의 $x$
좌표는 $x=0$ 또는 $x=1$이다.

이때 $f(1)<0$이고 오른쪽 그림과 같이
직선 $y=x+k$에서 $k$는 음이 아닌 실
수이므로 접점의 좌표는 $(0,\ 0)$이어야
한다.
또한, 직선 $y=x$가 곡선
$y=4x^3-6x^2+x$와 만나는 점의 $x$좌
표를 구하면

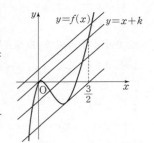

$4x^3-6x^2+x=x$에서
$4x^2\left(x-\dfrac{3}{2}\right)=0\qquad \therefore\ x=0$ 또는 $x=\dfrac{3}{2}$
따라서 구하는 도형의 넓이는
$$\int_0^{\frac{3}{2}}\{x-(4x^3-6x^2+x)\}\,dx=\int_0^{\frac{3}{2}}(-4x^3+6x^2)\,dx$$
$$=\left[-x^4+2x^3\right]_0^{\frac{3}{2}}$$
$$=-\frac{81}{16}+\frac{27}{4}$$
$$=\frac{27}{16}$$

## 166  답 ⑤

$\lim\limits_{x\to0+}g(x)=\lim\limits_{x\to0-}g(x)=g(0)$
이므로 함수 $g(x)$는 연속함수이다.
$x<0$일 때 두 곡선 $y=f(x)$, $y=g(x)$로 둘러싸인 부분의 넓이를
$S_1$, $x\geq0$일 때 두 곡선 $y=f(x)$, $y=g(x)$로 둘러싸인 부분의 넓
이를 $S_2$라 하고, 구하는 넓이를 $S$라 하면
$S=S_1+S_2$

( i ) $x<0$일 때
두 곡선 $y=f(x)$, $y=g(x)$의 교점의 $x$좌표는
$x^3-4x=3x^2$에서
$x^3-3x^2-4x=0$, $x(x+1)(x-4)=0$
$\therefore\ x=-1\ (\because\ x<0)$
$$\therefore\ S_1=\int_{-1}^{0}(x^3-4x-3x^2)\,dx$$
$$=\int_{-1}^{0}(x^3-3x^2-4x)\,dx$$
$$=\left[\frac{1}{4}x^4-x^3-2x^2\right]_{-1}^{0}$$
$$=-\left(\frac{1}{4}+1-2\right)=\frac{3}{4}$$

(ii) $x\geq0$일 때
두 곡선 $y=f(x)$, $y=g(x)$의 교점의 $x$좌표는
$x^3-4x=x^2-2x$에서
$x^3-x^2-2x=0$, $x(x+1)(x-2)=0$
$\therefore\ x=0$ 또는 $x=2\ (\because\ x\geq0)$
$$\therefore\ S_2=\int_0^{2}\{x^2-2x-(x^3-4x)\}\,dx$$
$$=\int_0^{2}(-x^3+x^2+2x)\,dx$$
$$=\left[-\frac{1}{4}x^4+\frac{1}{3}x^3+x^2\right]_0^{2}$$
$$=-4+\frac{8}{3}+4=\frac{8}{3}$$

( i ), (ii)에서
$$S=S_1+S_2=\frac{3}{4}+\frac{8}{3}=\frac{41}{12}$$

## 167  답 ⑤

$x<0$일 때 곡선 $y=f(x)$와 직선 $y=ax$로 둘러싸인 부분의 넓이를
$S_1(a)$, $x\geq0$일 때 곡선 $y=f(x)$와 직선 $y=ax$로 둘러싸인 부분
의 넓이를 $S_2(a)$라 하고, 그 합을 $S(a)$라 하면
$S(a)=S_1(a)+S_2(a)$

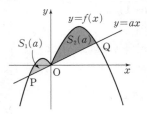

( i ) $x<0$일 때
점 P의 $x$좌표를 구하면 $x^3-x=ax$에서

$x^3-(a+1)x=0$, $x\{x^2-(a+1)\}=0$

$\therefore x=-\sqrt{a+1}$ (단, $a>-1$)

$\therefore S_1(a)=\displaystyle\int_{-\sqrt{a+1}}^{0}\{(x^3-x)-ax\}\,dx$

$\qquad=\displaystyle\int_{-\sqrt{a+1}}^{0}\{x^3-(a+1)x\}\,dx$

$\qquad=\left[\dfrac{1}{4}x^4-\dfrac{a+1}{2}x^2\right]_{-\sqrt{a+1}}^{0}$

$\qquad=-\left\{\dfrac{(a+1)^2}{4}-\dfrac{(a+1)^2}{2}\right\}$

$\qquad=\dfrac{(a+1)^2}{4}$

(ii) $x\geq0$일 때

점 Q의 $x$좌표를 구하면 $5x-x^2=ax$에서

$x^2+(a-5)x=0$, $x(x+a-5)=0$

$\therefore x=5-a$ (단, $a<5$)

$\therefore S_2(a)=\displaystyle\int_{0}^{5-a}\{(5x-x^2)-ax\}\,dx$

$\qquad=\displaystyle\int_{0}^{5-a}\{-x^2+(5-a)x\}\,dx$

$\qquad=\left[-\dfrac{1}{3}x^3+\dfrac{5-a}{2}x^2\right]_{0}^{5-a}$

$\qquad=-\dfrac{(5-a)^3}{3}+\dfrac{(5-a)^3}{2}$

$\qquad=\dfrac{(5-a)^3}{6}$

(i), (ii)에서

$S(a)=\dfrac{(a+1)^2}{4}+\dfrac{(5-a)^3}{6}$

$\qquad=-\dfrac{1}{12}\{2(a-5)^3-3(a+1)^2\}$

$\qquad=-\dfrac{1}{12}(2a^3-33a^2+144a-253)$

이므로

$S'(a)=-\dfrac{1}{12}(6a^2-66a+144)$

$\qquad=-\dfrac{1}{12}\times6(a-3)(a-8)$

$\qquad=-\dfrac{1}{2}(a-3)(a-8)$

$S'(a)=0$에서 $a=3$ ($\because -1<a<5$)

$-1<a<5$에서 함수 $S(a)$의 증가와 감소를 표로 나타내면 다음과 같다.

| $a$ | $(-1)$ | $\cdots$ | 3 | $\cdots$ | $(5)$ |
|---|---|---|---|---|---|
| $S'(a)$ | | $-$ | 0 | $+$ | |
| $S(a)$ | | $\searrow$ | 극소 | $\nearrow$ | |

따라서 함수 $S(a)$는 $a=3$일 때, 극소이며 최소가 된다.


## 168  답 ③

점 P의 시각 $t$ $(t>0)$에서의 가속도를 $a(t)$라 하면

$v(t)=-4t^3+12t^2$이므로

$a(t)=v'(t)=-12t^2+24t$

시각 $t=k$에서 점 P의 가속도가 12이므로

$-12k^2+24k=12$

$k^2-2k+1=0$, $(k-1)^2=0$

$\therefore k=1$

한편,

$v(t)=-4t^3+12t^2=-4t^2(t-3)$

이므로

$3\leq t\leq4$일 때 $v(t)\leq0$

따라서 시각 $t=3$에서 $t=4$까지 점 P가 움직인 거리는

$\displaystyle\int_{3}^{4}|v(t)|\,dt=\int_{3}^{4}|-4t^3+12t^2|\,dt$

$\qquad=\displaystyle\int_{3}^{4}(4t^3-12t^2)\,dt$

$\qquad=\left[t^4-4t^3\right]_{3}^{4}$

$\qquad=(256-256)-(81-108)$

$\qquad=27$


## 169  답 ②

$v_{\mathrm{P}}(t)=-t^2+4t-3=-(t-1)(t-3)$이므로 시각 $t=1$에서 $t=5$까지 점 P는 $1<t\leq3$일 때 수직선의 양의 방향으로 움직이고, $3<t\leq5$일 때 수직선의 음의 방향으로 움직인다.

$v_{\mathrm{Q}}(t)=t^2-7t+10=(t-2)(t-5)$이므로 시각 $t=1$에서 $t=5$까지 점 Q는 $1<t\leq2$일 때 수직선의 양의 방향으로 움직이고, $2<t\leq5$일 때 수직선의 음의 방향으로 움직인다.

따라서 두 점 P, Q는 시각 $t=2$에서 $t=3$까지 서로 반대 방향으로 움직이므로 두 점 P, Q가 서로 반대 방향으로 움직인 거리의 합은

$\displaystyle\int_{2}^{3}|v_{\mathrm{P}}(t)-v_{\mathrm{Q}}(t)|\,dt$

$=\displaystyle\int_{2}^{3}\{(-t^2+4t-3)-(t^2-7t+10)\}\,dt$

$=\displaystyle\int_{2}^{3}(-2t^2+11t-13)\,dt$

$=\left[-\dfrac{2}{3}t^3+\dfrac{11}{2}t^2-13t\right]_{2}^{3}$

$=\left(-18+\dfrac{99}{2}-39\right)-\left(-\dfrac{16}{3}+22-26\right)$

$=\dfrac{11}{6}$


## 170  답 ④

점 P가 출발한 지 $x$초 $(x>2)$ 후의 위치를 $f(x)$, 같은 시각에서 점 Q의 위치를 $g(x)$라 하면

$f(x)=\displaystyle\int_{0}^{x}4t\,dt=\left[2t^2\right]_{0}^{x}=2x^2$

$g(x)=\displaystyle\int_{2}^{x}k\,dt=\left[kt\right]_{2}^{x}=k(x-2)$

점 Q가 점 P를 따라 잡으려면 두 점의 위치가 같아야 하므로

$2x^2=k(x-2)$, $2x^2-kx+2k=0$

즉, $x>2$일 때 위의 이차방정식의 실근이 존재해야 한다.

$h(x)=2x^2-kx+2k$라 하면

(i) $h(2)=8>0$

(ii) 이차방정식 $h(x)=0$의 판별식을 $D$라 하면

$D=k^2-16k=k(k-16)\geq0$

$\therefore k\geq16$ $(\because k>0)$

(iii) 대칭축이 $x=\dfrac{k}{4}$이므로

$\dfrac{k}{4}>2$에서 $k>8$

(i), (ii), (iii)에서 $k\geq16$이므로 구하는 $k$의 최솟값은 16이다.

---

## 171 답 ②

ㄱ. 두 점 P, Q의 속도가 서로 같아지는 시각을 $t=a$라 하면

$f(a)=g(a)$에서

$6a^2-8a+14=3a^2+4a+5$

$3a^2-12a+9=0$, $3(a-1)(a-3)=0$

$\therefore a=1$ 또는 $a=3$

즉, 두 점 P, Q의 속도가 서로 같아지는 시각은 $t=1$ 또는 $t=3$이다. (거짓)

ㄴ. $t>0$에서 $f(t)>0$, $g(t)>0$이므로

출발 후 $t=3$일 때까지 두 점 P, Q가 움직인 거리를 구하면

$\displaystyle\int_0^3 f(t)\,dt=\int_0^3 (6t^2-8t+14)\,dt$

$\qquad=\left[2t^3-4t^2+14t\right]_0^3$

$\qquad=54-36+42$

$\qquad=60$

$\displaystyle\int_0^3 g(t)\,dt=\int_0^3 (3t^2+4t+5)\,dt$

$\qquad=\left[t^3+2t^2+5t\right]_0^3$

$\qquad=27+18+15$

$\qquad=60$

즉, 시각 $t=0$에서 시각 $t=2$까지 두 점 P, Q가 움직인 거리는 서로 같다. (거짓)

ㄷ. 두 점 P, Q의 $t$초 후의 위치를 구하면

$\displaystyle\int_0^t f(s)\,ds=\int_0^t (6s^2-8s+14)\,ds$

$\qquad=2t^3-4t^2+14t$

$\displaystyle 3+\int_0^t g(s)\,ds=3+\int_0^t (3s^2+4s+5)\,ds$

$\qquad=t^3+2t^2+5t+3$

두 점 P, Q 사이의 거리를 $|h(t)|$라 하면

$h(t)=(2t^3-4t^2+14t)-(t^3+2t^2+5t+3)$

$\qquad=t^3-6t^2+9t-3$

$h'(t)=3t^2-12t+9=3(t-1)(t-3)$

$h'(t)=0$에서 $t=1$ 또는 $t=3$

---

함수 $f(x)$의 증가와 감소를 표로 나타내면 다음과 같다.

| $t$ | $\cdots$ | 1 | $\cdots$ | 3 | $\cdots$ |
|---|---|---|---|---|---|
| $h'(t)$ | $+$ | 0 | $-$ | 0 | $+$ |
| $h(t)$ | ↗ | 극대 | ↘ | 극소 | ↗ |

이때 $h(1)h(3)<0$이므로 함수 $y=h(t)$의 그래프의 개형은 오른쪽 그림과 같다.

즉, 방정식 $h(t)=0$은 $0\leq t\leq4$에서 서로 다른 세 실근을 가지므로 두 점 P, Q는 $0\leq t\leq4$에서 3번 만난다. (참)

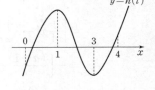

따라서 옳은 것은 ㄷ이다.

---

## 172 답 ②

$f(x)=x^3-6x^2+9x+k$에서

$f'(x)=3x^2-12x+9=3(x-1)(x-3)$

$f'(x)=0$에서 $x=1$ 또는 $x=3$

함수 $f(x)$의 증가와 감소를 표로 나타내면 다음과 같다.

| $x$ | $\cdots$ | 1 | $\cdots$ | 3 | $\cdots$ |
|---|---|---|---|---|---|
| $f'(x)$ | $+$ | 0 | $-$ | 0 | $+$ |
| $f(x)$ | ↗ | 극대 | ↘ | 극소 | ↗ |

즉, 함수 $f(x)$는 $x=1$에서 극댓값 $k+4$, $x=3$에서 극솟값 $k$를 갖는다.

이때 방정식 $f(x)=0$의 서로 다른 실근의 개수가 2가 되려면 함수 $f(x)$의 극댓값 또는 극솟값이 0이어야 하므로

$4+k=0$ 또는 $k=0$

$\therefore k=-4$ $(\because k<0)$

따라서 함수 $y=f(x)$의 그래프의 개형은 오른쪽 그림과 같으므로 구하는 넓이는

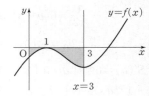

$\displaystyle\int_0^3 |f(x)|\,dx$

$\displaystyle=\int_0^3 \{-f(x)\}\,dx=\int_0^3 (-x^3+6x^2-9x+4)\,dx$

$\displaystyle=\left[-\frac{1}{4}x^4+2x^3-\frac{9}{2}x^2+4x\right]_0^3=-\frac{81}{4}+54-\frac{81}{2}+12=\frac{21}{4}$

---

## 173 답 ③

$f'(x)=\begin{cases} 2 & (x<0) \\ g'(x) & (0<x<2) \\ a & (x>2) \end{cases}$

ㄱ. 함수 $f(x)$가 실수 전체의 집합에서 미분가능하므로 $x=0$에서도 미분가능하다.

$$\therefore f'(0)=g'(0)=2 \text{ (참)}$$

ㄴ. 함수 $f(x)$가 실수 전체의 집합에서 미분가능하므로 실수 전체의 집합에서 연속이다.

즉, 삼차함수 $g(x)$에 대하여

$g(0)=0$, $g(1)=f(1)=3$, $g(2)=f(2)=6$이므로

$g(x)-3x=kx(x-1)(x-2)$ $(k\neq 0)$이라 하면

$$g(x)=kx(x-1)(x-2)+3x$$
$$=k(x^3-3x^2+2x)+3x$$
$$g'(x)=k(3x^2-6x+2)+3$$

이때 ㄱ에서 $g'(0)=2$이므로

$$g'(0)=2k+3=2$$

즉, $k=-\dfrac{1}{2}$이므로

$$g'(1)=-k+3=\dfrac{7}{2}$$
$$\therefore f'(1)=g'(1)=\dfrac{7}{2} \text{ (거짓)}$$

ㄷ. ㄴ에서

$$g(x)=-\dfrac{1}{2}x(x-1)(x-2)+3x$$
$$=-\dfrac{1}{2}x^3+\dfrac{3}{2}x^2+2x$$

$g'(2)=2$이므로 $a=2$

$g(2)=6$이므로 $2a+b=6$   $\therefore b=2$

즉, $x>2$일 때 $f(x)=2x+2$이므로

$$\int_0^4 f(x)\,dx=\int_0^2\left(-\dfrac{1}{2}x^3+\dfrac{3}{2}x^2+2x\right)dx+\int_2^4(2x+2)\,dx$$
$$=\left[-\dfrac{1}{8}x^4+\dfrac{1}{2}x^3+x^2\right]_0^2+\left[x^2+2x\right]_2^4$$
$$=(-2+4+4)+\{(16+8)-(4+4)\}$$
$$=22 \text{ (참)}$$

따라서 옳은 것은 ㄱ, ㄷ이다.


## 174   답 5

$\displaystyle\lim_{x\to\infty}\dfrac{f(x)+x^3}{x+1}=3$이므로

$f(x)=-x^3+3x+a$ (단, $a$는 상수)

$f'(x)=-3x^2+3=-3(x-1)(x+1)$이므로

$f'(x)=0$에서 $x=-1$ 또는 $x=1$

$x\geq 0$에서 함수 $f(x)$의 증가와 감소를 표로 나타내면 다음과 같다.

| $x$ | 0 | $\cdots$ | 1 | $\cdots$ |
|---|---|---|---|---|
| $f'(x)$ | | $+$ | 0 | $-$ |
| $f(x)$ | | ↗ | 극대 | ↘ |

$x\geq 0$에서 함수 $f(x)$는 $x=1$에서 극대이며 최대이고, 최댓값 $f(1)=2+a$를 갖는다.

즉, 함수 $g(t)$는 함수 $f(x)$의 최댓값이므로

$$g(t)=\begin{cases} f(t) & (0\leq t\leq 1) \\ a+2 & (t\geq 1) \end{cases}$$

이때

$$\int_0^2 g(t)\,dt=\int_0^1(-t^3+3t+a)\,dt+\int_1^2(a+2)\,dt$$
$$=\left[-\dfrac{1}{4}t^4+\dfrac{3}{2}t^2+at\right]_0^1+\left[(a+2)t\right]_1^2$$
$$=-\dfrac{1}{4}+\dfrac{3}{2}+a+(a+2)$$
$$=2a+\dfrac{13}{4}$$

에서 $2a+\dfrac{13}{4}=\dfrac{13}{4}$   $\therefore a=0$

따라서 $f(x)=-x^3+3x$이고 함수 $y=|f(x)|$의 그래프의 개형은 오른쪽 그림과 같으므로

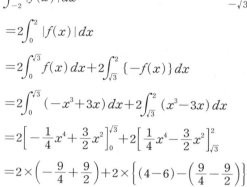

$$\int_{-2}^2|f(x)|\,dx$$
$$=2\int_0^2|f(x)|\,dx$$
$$=2\int_0^{\sqrt{3}}f(x)\,dx+2\int_{\sqrt{3}}^2\{-f(x)\}\,dx$$
$$=2\int_0^{\sqrt{3}}(-x^3+3x)\,dx+2\int_{\sqrt{3}}^2(x^3-3x)\,dx$$
$$=2\left[-\dfrac{1}{4}x^4+\dfrac{3}{2}x^2\right]_0^{\sqrt{3}}+2\left[\dfrac{1}{4}x^4-\dfrac{3}{2}x^2\right]_{\sqrt{3}}^2$$
$$=2\times\left(-\dfrac{9}{4}+\dfrac{9}{2}\right)+2\times\left\{(4-6)-\left(\dfrac{9}{4}-\dfrac{9}{2}\right)\right\}$$
$$=5$$


## 175   답 48

조건 (가)에서

$$f'(x)=k(x+1)(x-1)=k(x^2-1)\ (k>0)$$
$$f(x)=\int f'(x)\,dx$$
$$=k\left(\dfrac{1}{3}x^3-x\right)+C \text{ (단, $C$는 적분상수)}$$

조건 (나)에서 $f(0)=C=1$이므로

$$f(x)=k\left(\dfrac{1}{3}x^3-x\right)+1$$

한편, 삼차함수 $f(x)$의 최고차항의 계수가 양수이므로 $x=-1$에서 극댓값을 갖는다.

$f(-1)=\dfrac{2}{3}k+1$이고 $f(s)=f(-1)$인 실수 $s$가 존재하므로

$$f(s)=k\left(\dfrac{1}{3}s^3-s\right)+1=\dfrac{2}{3}k+1=f(-1)$$
$$s^3-3s-2=0, (s+1)^2(s-2)=0$$
$$\therefore s=2$$
$$\therefore f(-1)=f(2)$$

이때 함수 $y=f(x)$의 그래프의 개형이 오른쪽 그림과 같으므로 $x\leq 1$인 모든 실수 $x$에 대하여 $f(x)\leq f(t)$가 성립하기 위해서는 $t=-1$ 또는 $t\geq 2$이어야 한다.

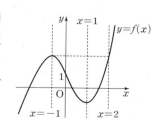

즉, 양수 $t$의 최솟값은 2이므로 $a=2$

$$\int_0^2 f(x)\,dx = \int_0^2 \left\{ k\left(\frac{1}{3}x^3 - x\right) + 1 \right\} dx$$
$$= \left[ k\left(\frac{1}{12}x^4 - \frac{1}{2}x^2\right) + x \right]_0^2$$
$$= k\left(\frac{4}{3} - 2\right) + 2$$

에서 $-\frac{2}{3}k + 2 = -2$

$\therefore k=6$

따라서 $f'(x)=6(x^2-1)$이므로

$f'(3)=48$

## 176  답 ①

함수 $f(x)$의 최고차항의 계수가 1이고 $f(0)=1$이므로

$f(x)=x^3+ax^2+bx+1$ ($a$, $b$는 상수)라 하면

$$\int_{-1}^1 f(x)\,dx = \int_{-1}^1 (x^3+ax^2+bx+1)\,dx$$
$$= 2\int_0^1 (ax^2+1)\,dx$$
$$= 2\left[ \frac{a}{3}x^3 + x \right]_0^1$$
$$= 2\left( \frac{a}{3} + 1 \right)$$
$$= 2 \ (\because \text{조건 (나)})$$

$\therefore a=0$

즉, $f(x)=x^3+bx+1$이므로

$f'(x)=3x^2+b$

$f'(0)=b<0$이므로 이차방정식 $f'(x)=0$은 서로 다른 두 실근을 갖고, 두 근의 부호는 반대이고 절댓값은 같다.

이때 $f(x)$가 $x=-a$ $(a>0)$에서 극댓값을 갖는다고 하면 $x=a$에서 극솟값을 갖는다.

즉, $f'(x)=3(x+a)(x-a)=3x^2-3a^2$이므로

$f(x)=x^3-3a^2x+1$

조건 (다)에서 함수 $|f(x)+k|$가 $x=p$에서 미분가능하지 않은 실수 $p$의 값이 1개가 되도록 하는 양수 $k$의 최솟값이 15이려면 함수 $y=f(x)$의 그래프는 오른쪽 그림과 같아야 한다.

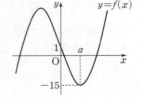

즉, 함수 $f(x)$의 극솟값이 $-15$이므로

$f(a)=a^3-3a^3+1$
$\qquad = -2a^3+1 = -15$

$a^3=8$  $\therefore a=2$

$\therefore f(x)=x^3-12x+1$

함수 $y=f(x)$의 그래프와 직선 $y=1$의 교점의 $x$좌표는

$x^3-12x+1=1$에서

$x(x^2-12)=0$

$\therefore x=-2\sqrt{3}$ 또는 $x=0$ 또는 $x=2\sqrt{3}$

따라서 구하는 넓이는

$$\int_{-2\sqrt{3}}^{2\sqrt{3}} |f(x)-1|\,dx$$
$$= \int_{-2\sqrt{3}}^0 \{f(x)-1\}\,dx + \int_0^{2\sqrt{3}} \{1-f(x)\}\,dx$$
$$= 2\int_0^{2\sqrt{3}} (-x^3+12x)\,dx$$
$$= 2\left[ -\frac{1}{4}x^4 + 6x^2 \right]_0^{2\sqrt{3}}$$
$$= 2 \times (-36+72) = 72$$

## 177  답 ③

$4F(x)=x\{f(x)-4x-6\}+4$  ⋯⋯ ㉠

ㄱ. ㉠의 양변을 $x$에 대하여 미분하면

$4f(x)=f(x)-4x-6+x\{f'(x)-4\}$

$\therefore 3f(x)=xf'(x)-8x-6$

위의 식의 양변에 $x=0$을 대입하면

$3f(0)=-6$  $\therefore f(0)=-2$ (참)

ㄴ. ㄱ에서 $3f(x)=xf'(x)-8x-6$  ⋯⋯ ㉡

이므로 좌변의 최고차항의 계수는 3이다.

이때 함수 $f(x)$가 일차함수이면 ㉡의 우변의 최고차항의 계수는 $1-8=-7$이므로 ㉡을 만족시키지 않는다.

즉, 함수 $f(x)$는 이차 이상의 함수이다.

함수 $f(x)$의 차수를 $n$ $(n\ge2)$라 하면 ㉡의 우변의 최고차항은 $x\times nx^{n-1}=nx^n$이므로 $n=3$이다.

$f(x)=x^3+ax^2+bx+c$ ($a$, $b$, $c$는 상수)라 하면

$f'(x)=3x^2+2ax+b$

이를 ㉡에 대입하면

$3(x^3+ax^2+bx+c)=x(3x^2+2ax+b)-8x-6$

$3x^3+3ax^2+3bx+3c=3x^3+2ax^2+(b-8)x-6$

항등식의 성질에 의하여

$3a=2a$, $3b=b-8$, $3c=-6$

$\therefore a=0$, $b=-4$, $c=-2$

$\therefore f(x)=x^3-4x-2$

이때 ㉠의 양변에 $x=2$를 대입하면

$4F(2)=2\{f(2)-8-6\}+4$
$\qquad = 2 \times (-2-8-6)+4 = -28$

$\therefore F(2)=-7$ (참)

ㄷ. ㄴ에서 $f(x)=x^3-4x-2$이므로

$f(x)+2=x^3-4x=x(x+2)(x-2)$

즉, 함수 $y=f(x)+2$의 그래프의 개형은 다음 그림과 같다.

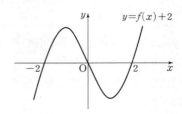

$-10\le m\le10$일 때, $m$이 정수이므로 $\int_m^{m+1}\{f(x)+2\}\,dx>0$

을 만족시키려면 닫힌구간 $[m, m+1]$에서 $f(x)+2 \geq 0$이면 된다. 즉, 조건을 만족시키는 정수 $m$의 개수는 $-2, -1, 2, 3, 4, \cdots, 10$의 11이다. (거짓)
따라서 옳은 것은 ㄱ, ㄴ이다.

**다른 풀이**

ㄴ. ㉠의 양변에 $x=0$을 대입하면

$4F(0)=4$ $\therefore F(0)=1$

$f(x)=x^3-4x-2$에서

$$F(x)=\int f(x)\,dx$$
$$=\frac{1}{4}x^4-2x^2-2x+C \text{ (단, } C \text{는 적분상수)}$$

$F(0)=1$에서 $C=1$

따라서 $F(x)=\frac{1}{4}x^4-2x^2-2x+1$이므로

$F(2)=4-8-4+1=-7$

## 178 답 338

$f(x)=0$에서 $x=0$ 또는 $x=1$ 또는 $x=2$ 또는 $x=4$이고

$$\int_1^2 |f(x)|\,dx < \int_0^1 |f(x)|\,dx < \int_2^4 |f(x)|\,dx$$

이므로 $x>0$에서 함수 $y=f(x)$의 그래프의 개형은 다음 그림과 같다.

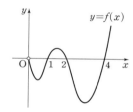

$g(x)=\int_a^x |f(t)|\,dt-\left|\int_a^x f(t)\,dt\right|$라 하면

$2<a\leq 4$인 실수 $a$에 대하여 $\int_2^a |f(t)|\,dt=\left|\int_2^a f(t)\,dt\right|$이고

오른쪽 그림과 같이 $\left|\int_2^a f(t)\,dt\right|=A$라

하면 조건 (다)에 의하여 $37<A\leq 496$이
므로 $x=a$와 $f(x)$의 값의 부호가 바뀌
는 $x$의 값을 기준으로 $x$의 값의 범위를
나누어 생각해 보자.

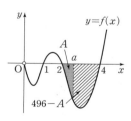

(i) $a\leq x<4$인 경우

$\int_a^x |f(t)|\,dt=\left|\int_a^x f(t)\,dt\right|$이므로

$g(x)=\int_a^x |f(t)|\,dt-\left|\int_a^x f(t)\,dt\right|=0$

(ii) $x\geq 4$인 경우

$x>4$에서 $f(x)>0$이고 $\int_4^p f(t)\,dt=496-A$를 만족시키는

4보다 큰 실수 $p$가 존재하므로 $p$의 값을 기준으로 $x$의 값을 나
누어 생각해 보면

㉠ $4\leq x<p$일 때

$$g(x)=\int_a^x |f(t)|\,dt-\left|\int_a^x f(t)\,dt\right|$$
$$=\left(\int_a^4 |f(t)|\,dt+\int_4^x |f(t)|\,dt\right)$$
$$\qquad -\left|\int_a^4 f(t)\,dt+\int_4^x f(t)\,dt\right|$$
$$=\left\{496-A+\int_4^x f(t)\,dt\right\}$$
$$\qquad +\left\{-(496-A)+\int_4^x f(t)\,dt\right\}$$
$$\left(\because \int_a^4 f(t)\,dt+\int_4^x f(t)\,dt<0\right)$$
$$=2\int_4^x f(t)\,dt\geq 0$$

즉, $4\leq x<p$에서 $g'(x)=2f(x)\geq 0$이므로 함수 $g(x)$는
증가한다.

㉡ $x\geq p$일 때

$$g(x)=\int_a^x |f(t)|\,dt-\left|\int_a^x f(t)\,dt\right|$$
$$=\left(\int_a^4 |f(t)|\,dt+\int_4^x |f(t)|\,dt\right)$$
$$\qquad -\left|\int_a^4 f(t)\,dt+\int_4^x f(t)\,dt\right|$$
$$=\left\{496-A+\int_4^x f(t)\,dt\right\}$$
$$\qquad -\left\{-(496-A)+\int_4^x f(t)\,dt\right\}$$
$$\left(\because \int_a^4 f(t)\,dt+\int_4^x f(t)\,dt>0\right)$$
$$=992-2A$$

(iii) $2\leq x<a$인 경우

$$g(x)=\int_a^x |f(t)|\,dt-\left|\int_a^x f(t)\,dt\right|$$
$$=-\int_x^a \{-f(t)\}\,dt-\left|-\int_x^a f(t)\,dt\right|$$
$$=\int_x^a f(t)\,dt+\int_x^a f(t)\,dt \left(\because -\int_x^a f(t)\,dt>0\right)$$
$$=2\int_x^a f(t)\,dt<0$$

즉, $2\leq x<a$에서 $g'(x)=-2f(x)>0$이므로 함수 $g(x)$는
증가한다.

(iv) $1\leq x<2$인 경우

$$g(x)=\int_a^x |f(t)|\,dt-\left|\int_a^x f(t)\,dt\right|$$
$$=-\int_x^a |f(t)|\,dt-\left|-\int_x^a f(t)\,dt\right|$$
$$=-\left(\int_x^2 |f(t)|\,dt+\int_2^a |f(t)|\,dt\right)$$
$$\qquad -\left|-\int_x^2 f(t)\,dt-\int_2^a f(t)\,dt\right|$$
$$=-\int_x^2 f(t)\,dt+\int_2^a f(t)\,dt+\int_x^2 f(t)\,dt+\int_2^a f(t)\,dt$$
$$\left(\because -\int_x^2 f(t)\,dt-\int_2^a f(t)\,dt>0\right)$$
$$=2\int_2^a f(t)\,dt=-2A$$

(v) $0 < x < 1$인 경우

$$g(x) = \int_a^x |f(t)|\,dt - \left| \int_a^x f(t)\,dt \right|$$

$$= -\int_x^a |f(t)|\,dt - \left| -\int_x^a f(t)\,dt \right|$$

$$= -\left( \int_x^1 |f(t)|\,dt + \int_1^2 |f(t)|\,dt + \int_2^a |f(t)|\,dt \right)$$

$$\qquad - \left| -\int_x^1 f(t)\,dt - \int_1^2 f(t)\,dt - \int_2^a f(t)\,dt \right|$$

$$= \int_x^1 f(t)\,dt - \int_1^2 f(t)\,dt + \int_2^a f(t)\,dt$$

$$\qquad + \int_x^1 f(t)\,dt + \int_1^2 f(t)\,dt + \int_2^a f(t)\,dt$$

$$\left( \because -\int_x^1 f(t)\,dt - \int_1^2 f(t)\,dt - \int_2^a f(t)\,dt > 0 \right)$$

$$= -2A + 2\int_x^1 f(t)\,dt < 0$$

즉, $0 < x < 1$에서 $g'(x) = -2f(x) > 0$이므로 함수 $g(x)$는 증가한다.

(i)~(v)에서 방정식 $\int_a^x |f(t)|\,dt - \left| \int_a^x f(t)\,dt \right| = s$의 해가 무수히 많도록 하는 실수 $s$의 값은

$s = 0$ 또는 $s = 992 - 2A$ 또는 $s = -2A$

조건 (나)에 의하여

$0 + 992 - 2A + (-2A) = 0$

$4A = 992$  $\therefore A = 248$

따라서 조건을 만족시키는 실수 $a$에 대하여

$$\left| \int_2^a f(t)\,dt \right| = \int_2^a |f(t)|\,dt = 248$$이므로

$$\int_0^a |f(t)|\,dt = \int_0^1 |f(t)|\,dt + \int_1^2 |f(t)|\,dt + \int_2^a |f(t)|\,dt$$

$$= 53 + 37 + 248 = 338$$

참고

$x > 0$에서 두 함수 $y = f(x)$, $y = g(x)$의 그래프의 개형과 함수 $y = f(x)$의 그래프와 $x$축 사이의 넓이는 다음 그림과 같다.

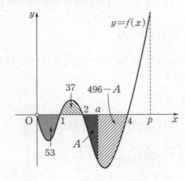

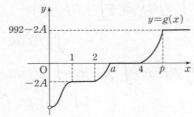

MEMO

MEMO

메가스터디 고등학습 시리즈

# 메가스터디 N제

## 수학영역 **수학 II** | 4점 공략

정답 및 해설

**메가스터디BOOKS**

**내용 문의** 02-6984-6901 | **구입 문의** 02-6984-6868,9 | www.megastudybooks.com